西点军校经典法则

文德／编著

中国华侨出版社
·北京·

西点军校建校 200 多年来，培养了大批人才。很多西点毕业生成为美国社会各领域的领袖或有着深远影响力的人物。西点军校有"将军的摇篮"之称。西点军校的毕业生有近 4000 人获得了将军军衔，许多美军名将均是该校的毕业生，如第一次世界大战期间远征军司令约翰·约瑟夫·潘兴和太平洋盟军统帅麦克阿瑟，以及巴顿将军、史迪威将军等。同时，西点军校更是造就政界、商界领袖的摇篮。美国第十八任总统格兰特、第三十四任总统艾森豪威尔、前国务卿黑格将军和鲍威尔也都是西点军校的毕业生。在世界 500 强企业里面，西点军校培养出来的董事长有 1000 多名，副董事长有 2000 多名，总经理、董事一级的高级管理人才有 5000 多名。如军火大王杜邦、美国汽车保险公司总经理德莫特、美国第一商务公司董事长霍夫曼、美国在线创始人金姆塞等。西点军校也因此被誉为"全球最优秀的职场精英培训学校"。此外，还有众多的西点毕业生成为美国的教育家和科学家及各界翘楚。

　　看到西点如此的成绩，人们不禁好奇：到底是什么成就了如此众多的西点精英？是什么使西点毕业生成为成功者的代名词？众多西点毕业生给出的答案是：西点军校的精英教育理念和法则让他们有了今天的成功。

原来，西点军校历来不仅重视知识、学术、能力的传授，更重视培养学生的品格、品行和品德。学员从进校的第一天起，就被灌输西点的精英训条：准时、守纪、严格、正直、刚毅……对于西点来讲，没有知识的人是愚蠢的，没有勇气的人是可悲的，没有体魄的人是可怜的，没有品德的人则是危险的！所以，西点军校的行为准则是"没有任何借口"，它告诉学员们：任何借口都是推卸责任，即使有再多的困难，也绝对没有不可能的事情；西点军校强调执行能力，它教育学员们：仅仅有理想是不够的，还必须付诸行动，如果没有行动，理想永远像空中楼阁、海市蜃楼那么遥不可及；西点军校认同"不想当将军的士兵不是好士兵"，所以它为强者创造机会，认为机会只光顾有准备的人，有能力的人才能把握机会；"责任是一种使命"是西点军校的思想准则，它灌输给学员们这样一种理念：没有做不好的事情，只有不负责任的人，想证明自己的最好方式就是去承担责任，并为自己的行为负责；"学习是终生的"是西点军校的进取准则，它让学员们认识到：只有不断提高自己，才能不被淘汰，做一名好士兵、好员工；西点军校视荣誉为生命，它强调做人应坦坦荡荡、光明磊落；西点军校崇尚合作精神，认为团队的力量远胜于个人……西点学子们正是因为忠实地追求和执行着这些法则和理念，将其作为自己立身处世的最重要的行为准则，才成就了卓越的自我，走向成功。成功者的素质是可以培养的，精英的人格特质是可以学习的。西点人的成功经历就是这一观点的最好注解。

目　录

坚守荣誉的准则

在西点，让所有西点人最感到自豪的就是西点著名的"荣誉准则"——"每个学员绝不撒谎、欺骗或盗窃，也绝不容忍其他人这样做。"西点培养的不仅是一名军人，还是社会的精英。在西点，荣誉就是一切。

在西点，撒谎是最大的罪恶。西点在 1985 年颁发的文件中，对"撒谎问题"做了如下规定：学员的每句话都应当是确切无疑的。他们的口头或书面陈述必须保持真实性。故意欺骗或哄骗的口头或书面陈述都是违背"荣誉准则"的。信誉与诚实紧密相关，学员必须获得信誉。只有通过准确无误的口头或书面陈述，才能获得荣誉。

在西点，学员必须保证报告在呈递前后的准确性。假如报告上交了，后来又发现其中有不准确之处，必须尽快报告新的情况。每个人都要对自己所说或者所写的陈述负责。只有做到客观、准确、无误，才能赢得荣誉。西点认为，如果学生为自身利益采取欺骗行为，或帮别人这样做以期获得不正当的利益，就是以欺骗方式违反了"荣誉准则"。

西点认为影响荣誉的欺骗行为包括：剽窃，即不加证明地引用别人的观点、别人的话、别人的材料或工作，并将其占为己有；在作业的准备、修改或校对中得到别人帮助而不加以说明；使用未经允许的笔记，等等。

学员必须清楚、明确地注明作业中哪些不是自己独立完成的，特别要明确指出材料的全部来源和各种接受援助方式。受其启发而产生新的思路或观点的材料，学员也要注明。学员如果无意中看了别人的作业，尤其是评分作业，必须把情况向教员说明。学员必须知道，即使仅仅是为了验证自己的作业正确与否而去看别人的作业，也是违反"荣誉准则"的。

军营的严密生活环境和学员彼此间形成的信誉，是学员生活中不可改变的两个方面。荣誉准则和制度培养了学员间的友谊和信任，保证了严密的军营中即使门不上锁，学员也不用担心自己的财产被偷走。在西点人的眼里：信任，本身对你就是一种尊重，而你利用了别人对你的尊重，这是一件让人不齿的事。你不但会因此失去眼前的一切，而且你可能会失去一生的名声。在一个团体里，彼此信任可以产生一种安全感，也会使每一个成员把更多的精力投入到工作中，更愿意为集体的荣誉而奋斗。

西点的荣誉制度比纪律规定更有权威，更严厉。背离"荣誉准则"的处罚也比违反纪律的处罚来得严重。

1966届有一位不幸的新学员，由于过不惯冷峻单调的军营生活而心慌意乱，跑去参加一个学员的宗教团体晚会，想在那里找到一些安慰。其实，按照章程规定，他是有权参加这个聚会的，但是他以为自己是不能去的，于是偷偷地在缺席卡上填了"批准缺席"。

晚上回到宿舍后，他回顾了自己的所作所为，左思右想总觉得自己犯了罪，于是，他向学员荣誉代表坦白交代了。也是在这个时候，他才知道自己是有权参加那个聚会的。

但是一切都已经晚了，虽然他的行为一点也没有违反校规，但荣誉委员会认为他有违反"荣誉准则"的动机，因而有错，第二天他就被开除了。

西点的荣誉，是不容许任何人违背和挑衅的。

"为荣誉而战！"这是每一个身在战场上的海军陆战队队员心中最激昂、最响亮的声音，也是海军陆战队不断刷新战绩的原因所在。不论是在和平年代还是在战争年代，海军陆战队所承受的艰难困苦，在所有美国部队中都是最多的。从进新兵训练营起，艰苦的生活和巨大的压力就时刻伴随着每一个海军陆战队队员。军官的训练更苦，时间更长，而且军官的淘汰率高达50%！这支队伍也因此而英雄辈出。带领海军陆战队赢得1805年4月27日那场战争胜利的尼维尔·奥班纳，是海军陆战队的第一位英雄，虽然他没有得到任何勋章，但他赢得了海军陆战队队员永远的钦佩。塞密德雷也是一位英雄，16岁便作为海军陆战队的一名军官参加战争，获得了两枚荣誉勋章，他试图退回一枚，但最后还是不得不接受了。普勒不仅是英雄，甚至被称作"圣人"，他从二等兵一直升到中将，先后赢得5枚海军十字勋章，被视为"永远忠诚"的化身。阿齐伯德·亨德森没有得到过令人羡慕的勋章，但他却在一个关卡守卫长达39年，76岁时死于哨所中。

这支队伍之所以如此优秀，是因为有每一个海军陆战队官兵自始至终捍卫着海军陆战队的荣誉。他们英勇善战，在极其艰苦的条件下，以巨大的个人牺牲精神捍卫祖国的利益。尤其是在第二次世界大战中，他们的英勇表现，更是给那些精于算计、试图取消海军陆战队的人当头一棒。海军陆战队成为美国所有军队中唯一把他们的规模、结构和任务写进法律的部队。1947年颁布的《美国国家安全法》中，明确规定海军陆战队必须包括至少3个陆战师和3个空军大队，外加适当的支援部队。

今天，海军陆战队依然是美国的王牌军，被视为美国称霸世界的"马前卒"。

"为荣誉而战！"这是多么感人的声音啊！如果这个声音放在工作中，那就是——"为荣誉而工作！"努力工作，在捍卫企业荣誉的同时，也树立了你自己的荣誉，受到别人的尊重。这里有一个关于种花人的故事，正说明了这个道理。

有一个人，生下来就双目失明，为了生存，他继承了父亲的职业——种花。他从来没有看到过花是什么样子。别人说花是娇美而芬芳的，他有空时就用手指尖触摸花朵、感受花朵，或者用鼻尖去嗅花香。他用心灵去感受花朵，用心灵绘出花的美丽。

他对花的热爱超出所有人，每天都定时给花浇水、拔草除虫。在下雨的时候，他宁可淋着，也要给花撑把伞；炎热的夏天，他宁可晒着，也要给花遮阳；刮风时，他宁可顶着狂风，也要用身体为花遮挡……

不就是花吗，值得这么呵护吗？不就是种花吗，值得那么投入吗？很多人甚至认为他是个疯子。

"我是一个种花的人，我得全身心投入到种花中去，这是种花人的荣誉！"他对不解的人说。正因为他为了荣誉而种花，他的花比其他所有花农的花开得都好，很受人欢迎。

为荣誉而工作，就是自动自发、最完美地履行你的责任，让努力成为一种习惯。责任是一种精神，责任即荣誉。责任来自于对集体的珍惜和热爱，来自于对集体中每个成员的负责，来自于自我的一种认定，来自于对自身不断超越的渴求——责任是人性的升华。

邮差弗雷德完美地诠释了这一点。

第一次遇见弗雷德，是在我买下新居后不久。迁入新居几天后，有人敲门来访，我打开房门一看，外面站着一位邮差。"上午好，桑布恩先生！"他说起话来有种兴高采烈的劲头。"我的名字叫弗雷德，是这里的邮差。我顺道来看看，向您表示欢迎，介绍一下自己，同时也希望能对您有所了解，比如您所从事的行业。"

弗雷德中等身材，蓄着一撮小胡子，相貌很普通。尽管外貌没有任何出奇之处，但他的真诚和热情却溢于言表，这真让人惊讶。我收了一辈子的邮件，还从来没见过邮差做这样的自我介绍，但这确实使我心中一暖。

我与邮差弗雷德就这样认识了，弗雷德的热情给我留下了深刻的印象。接下来，我出差，从外地赶回来时，邮差弗雷德的一个小小的举动，让我感觉到了更多的温暖。

两周后，我出差回来，刚把钥匙插进锁眼，突然发现门口的擦鞋垫不见了。我想不通，难道在丹佛连擦鞋垫都有人偷？不太可能。转头一看，擦鞋垫跑到门廊的角落里了，下面还遮着什么东西。

事情是这样的：在我出差的时候，美国联合递送公司（UPS）误投了我的一个包裹，放到了沿街再向前第五家的门廊上。幸运的是，邮差弗雷德看到我的包裹送错了地方，就把它捡起来，送到我的住处藏好，还在上面留了张纸条，解释事情的来龙去脉，又费心用擦鞋垫把它遮住，以避人耳目。

弗雷德已经不仅仅是在送信，他现在做的是 UPS 应该做好的分内的事！

邮差成千上万，对于他们中的大多数，送信仅是"一份工作"；对于某些人，它可能是一个让人喜欢的职业；但只对于少数几个"弗雷德"来说，送信才成为一种使命，成为一种荣誉，这种荣誉，来自于对工作的责任感。

纵观古今，那些在工作中做出杰出贡献的人无一不深爱着自己的工作，忠诚于自己的工作，将工作中的荣誉当成自己人生中最大的奖赏。

护士这一行业的最高荣誉是"南丁格尔奖"。南丁格尔是英国人，是现代护理工作的创始人。1860 年 6 月 24 日，她将英国各界人士为表彰她的功勋而捐赠的巨款作为"南丁格尔基金"，表彰那些做出突出贡献的护士。革命导师马克思也对南丁格尔的勇敢和献身精神十分敬佩，曾多次赞扬这位伟大的女性。如今为了纪念她，全世界都将 5 月 12 日作为"护士节"。

还有曾获诺贝尔和平奖的德兰修女，在印度以及全世界都享有崇高的声誉。诺贝尔奖评委会说："她（德兰修女）的事业有一个重要的特点，即尊重人的个性，尊重人的天赋价值。那些最孤独的人、处境最悲惨的人，得到了她真诚的关怀和照料。这种情操发自她对人的尊重，完全没有居高施舍的姿态。她个人成功地弥合了富国与穷国之间的鸿沟，她以尊重人类尊严的观念在两者之间建设了一座桥梁。"

德兰修女和南丁格尔并没有因为自己的工作卑微而轻视它，相反，她们对之投入了无限的热忱和忠诚，她们获得的荣誉就是对她们工作的最高奖励，也是对她们所追求的理想的回报。她们获得了所有人的尊敬和信赖。

某天中午，罗文接到一份通知，命令他向瓦格纳上校报到。

到了军部，当罗文向瓦格纳上校报到时，上校严肃地对罗文说："总统派你去古巴，给加西亚将军送一封信，他在古巴东部的一个地方，我命令你把信亲手交给他。信中有总统的重要指示，所以，你绝不能出丝毫的差错！"

这时，罗文感觉到国家重担落在他的肩上，他的胸中燃起强烈的国家荣誉感，他感到了祖国对他的信任，一想到这里，他浑身充满了力量。

荣誉是一个人最宝贵的财富之一，被称之为"无形资产"。荣誉也是一个人奋斗的动力，是一种实现自我价值的方式。心里有荣誉感的人，会为了崇高的荣誉而战，从而激发出自身的潜能，在事业中做出更大的贡献。

为荣誉而战斗

西点军校一向以培养最优秀的领导人才为己任，希望学员们追求崇高远大的目标，努力做好手头的工作。自 1802 年创校以来，西点就建立了一套独特的教学体系，希望"教人以品德"，培养出具有崇高使命感的优秀军人与杰出领导人才。

对于西点的课程，我们与其说它是一种策略或目标，不如说它是一套价值理念的哲学与实践。西点的教育课程范围很广，体系严格，涵盖了学员身体、知识和心灵的方方面面，并希冀以此培养出一批健全勇敢、有使命感的军官。

与许多人所想象的四肢发达、头脑简单的形象相反，西点的士兵们思考得很周到、很细腻，经常把国家、人民、社会这些事关重大的使命放在心头。西点的教官们认为，并不是只有少数人天生具有当领导的特质，而是每个人都有成为领导者的潜力。西点的主要任务就是把这种潜力发掘出来。

1979年2月20日，西点军校校长 A.J. 古德帕斯特中将带领全校教职员工修订了教育方针的总论。

教育方针的总论规范了西点军校的使命：教育、训练和培养学员，使每一名毕业生具备一名陆军军官所必需的性格、领导才能、智力基础和其他方面的能力，以便更好地效力于国家，并且具备不断进步的能力，继续发展自己。

为完成这项使命，西点确定和完善了融智能、军事、体魄、道德伦理为一体的全面教育方针。这4个方面的教育方针较为准确地描述了西点军校为教育、训练和激励学员所实施的计划。使这4个方面组成完整的一体，每一方面的内容都可以为其他方面进行充实和补充。因此，具体的课程设置既要考虑到良好的本科教育，又要考虑到受陆军的人文和技术复杂性支配的要求。学员既接受持续的军事项目教育，又可以获得多种机会以提高理想军官所必须具备的领导能力。而体育计划则把体质训练和体育教育紧密结合，以培养适应军队对身体条件的特殊要求，以及在职业中进行模范服务所需的种种能力和品质。贯穿在上述各项教育之中的，是对每一个学员进行积极进取的道德精神品质的培养。

尽管西点军校的教育方针是较为系统的，但学校不期望学员以一种刻板的模式被动地来适应这种教育方针，而是期望以一种持续的、师生双方共同努力的、联合实现教育方针的形式，顺利实现培养目标。军校强化的中心任务之一，就是使 4 个年级的学员与他们的教育、训练和领导者之间建立互相合作的关系。塞耶是做出这种努力的先驱，继任的优秀者无不想方设法在构筑这种良好的合作关系上投入精力。在一些重要领域，诸如学员的学习态度、教官的战术以及学员自觉遵守荣誉准则和基本方针等方面，军校着力克服一种划分"我们与他们"的潜在意识，从而把军校变成共同的军校，把陆军变成我们的陆军，把国家变成我们的国家。由此及彼，通过共同关心军校，达到关心国家和发展个人的双重使命。

由于入学标准严格，只有那些真正显示出坚强的性格特征，高水平的智能、军事和体魄潜力的报考者才能有机会成为西点军校的学员。在接受这一机会的同时，考入者也就获得了迎接挑战的机会，一种为达到最佳水平奋斗的机会，一种承负更重责任的机会。虽然只有极少数学员能够取得最佳成绩，而且不会是每一方面都达到最佳，但学校仍然坚持要求所有的学员向最佳方向努力，并在各自的成长过程中，认识自身的相对能力和极限，特别是认清自身未来要肩负的责任。西点认为，建立起一种达到最佳的追求精神比建立起一套测定能力的标准更为重要。这种精神成为西点人承担责任和做出最大贡献的试金石。

达到最佳水平，是通过不断超越自身而实现的。西点一直在努力为学员超越自身创造各种条件。他们引导学员正确认识自己的长处和短处，并学会扬长避短，由此建立和巩固自己的优势，使强项更强。在学员的各种努力中，除了怎样支配时间和资源以外，学员必须加强在错综复杂的思考基础上做出合理的判断。

第二次世界大战前，美国向全世界发表宣言，表达自己的政治主张和发展战略。这个时候，西点军人看到了自己的责任，看到了自己的使命。他们似乎披坚执锐地伫立了很久，似乎在静静地等待着召唤。几乎每个学员都充满了成就感、责任感和使命感，并为这种召唤做着准备。

"现在轮到我了。"一位西点人如是说。

西点人以独特的方式和手段，营造了一种成就氛围，一种类似于"以天下为己任"的群体氛围。

这种使命感使每个西点人对工作都充满了责任与热爱，努力追求卓越，不敢有丝毫懈怠。

以下是一名西点校友的真实回忆：

每一个从西点毕业的人都怀有这种使命感。在西点毕业30年之后的一天，我在五角大楼一间办公室里与我两个最好的朋友喝着咖啡。一个是西点同学汤姆·温斯坦，另一个是经由预官训练队加入陆军的鲍勃·黎斯卡西。这时我们都已是三星将领，都感叹着我们在华府——无论在五角大楼或在国会山——会碰到这么多一心只想往上钻营的人。

汤姆是个精明的人，这时他担任陆军情报署署长，凡事都有一针见血的本领。我问他："你为什么还是谨守着那套别人都不当回事的伦理与道德标准而活着？为什么不像别人那样也去钻营高位？"

他想了一下才答复这个问题："当我进西点的时候，我只是个来自新泽西州、什么都不懂的小孩。我们在西点的4年里，他们教给我们的那套玩意儿你都还记得吗？好，我告诉你，我真的相信那套玩意儿。"

是的，我也相信，那就是责任、荣誉、国家。

西点人就是这样，哪怕是退役，进入商界，仍把责任、荣誉和公司效益联系在一起，视之为使命，追求更完美的境界。如果一个人缺乏为荣誉而战斗的精神，其表现之糟、业绩之差可想而知。

早晨的闹铃响了好几遍，尚佳食品公司的销售人员小王才从床上挣扎起来，脑子里的第一感觉就是：痛苦的一天又开始了。

他匆匆忙忙地赶往公司，早餐也顾不上吃。跨入公司大门，还是神情恍惚，坐在会议室睡意蒙眬地听着经理布置工作……一天的痛苦工作之旅就这样开始了。

小王上午拜访客户，结果遭到拒绝和冷遇，心情简直糟透了，仿佛世界末日即将来临。下午下班前回到公司填工作报表，胡乱写上几笔凑合一下交差……一天就这样结束了。

平时不花时间学习，懒惰，思想消极；从不好好去研究自己的产品和竞争对手的产品，没有明确的计划和目标；从不反省自己一天做了些什么，有哪些经验、教训；从不认真去想一想顾客为什么会拒绝，有没有更好的方法去解决。当一天和尚撞一天钟，混一天算一天……这就是小王真实的工作写照。

像小王这样毫无荣誉感，整天混日子的人，又怎么能生活得好呢？思想决定行动，工作是生存的必须，如果一个人能够把努力工作看作是一项责任和荣誉的话，他就能很好地在工作中发挥自己的聪明才智和自身的潜能，从而做出正直而纯洁的事情。不要羡慕那些薪水很微薄但忽然被提升到重要职位上的员工，因为他们在工作中付出了切实的努力，有一种追求荣誉的态度，并获得了充分的经验，这些便是他们获得晋升的原因。

毕业于西点的亿万富翁威廉·B.富兰克林始终这样认为："通过工作中的耳濡目染获得大量的知识和经验，这将是工作给予你的最有价值的报酬。另外，荣誉重于一切，如果丢失了它，就等于甘做薪水的奴隶，就丢失了灵魂。"每个西点人都有一个共性，那就是荣誉高于生命！

无论是哪个组织、团队、单位都要定期地举办一些体育比赛活动，这有利于激发大家的集体荣誉感。西点要求每个学员都是运动员，就是基于这点考虑的。为什么当你做出成绩的时候，你不会感觉到疲劳？这就是荣誉的激发作用。一个人如果时刻具有荣誉感和责任感，他就能发挥自身的主动性，做出出色的成绩。只有这样，才能在生存的竞技赛中脱颖而出。

忠诚胜于能力

从西点毕业的巴顿将军说:"我不需要一个才华横溢的班子,我要的是忠诚和执行。"西点军校认为:一个合格的美国军官,必须是"一个无敌的战士、一个忠诚服务于国家的仆人、一个掌握高技能的专业人才、一个有品德情操的领袖"。

一个人,不管他的智慧多么超群,也不管他的能力如何,没有忠诚的品质,都无法为集体和国家贡献他的力量。这样的人也不可能被集体和国家接纳,因为没有一个领导会喜欢不忠诚的部下,没有一个人会喜欢不忠实的朋友。

王明曾是一家企业的技术人员,因公司效益不好失业了,于是他到杜邦公司应聘。面对考题他并不担心,外文、专业技术类考题他都答得不错。唯有第二张考卷的两道题令他头疼:"你所在的企业或者曾任过职的企业经营成功的诀窍是什么?技术秘密是什么?"

这类题对于曾在企业从事过技术工作的王明来说并不难,可王明手中的笔始终落不下去。多年的职业道德在约束着他。最终王明还是没有作答,交了白卷。可是,两天后,王明被录取了。

原来,杜邦公司出这道题的用意就是要考验应聘者的忠诚度。抵不住诱惑而出卖原公司利益的人,杜邦是绝对不会要的。

王明以一张忠诚的白卷为他赢得了职场的满分。每一个企业都可能有商业机密,只有大家都遵守忠诚的原则,保守商业机密,企业才能在市场竞争中占优势。企业需要的正是王明那样忠诚的人。

一家著名公司的人力资源部经理曾说："当我看到应聘者的简历上写着一连串的工作经历，而且是在短短的时间内，我的第一感觉就是他的工作换得太频繁了。在这份简历中，我看不到他的忠诚，一个忠诚的人是不会如此频繁跳槽的。"

有一位才华出众的双料博士，他先在北京大学修完了法律课程，后又在清华大学修完了工程管理课程。

按说这样优秀的人才，理应工作顺利，飞黄腾达。可是，事实并非如此，他最后竟然上了多家企业的黑名单，成为这些企业永不录用的对象。

为什么会这样呢？原来，他毕业后，去了一家研究所，凭借自己的才华，研发出了一项重要技术。但他觉得研究所的待遇太差，就跳槽到了一家私企，并出让那项技术做了公司的副总。不到 3 年，他又带着公司机密跳槽了。就这样，他先后背叛了不下 5 家公司，以至于许多大公司都知道了他的品行，拒绝录用他。

直到最后他才发现，受打击最严重的是他自己，因为他被贴上了"不忠诚"的标签，被多个行业的企业列入了黑名单，几乎每一个了解他情况的老板都明确表示绝对不会聘用他。

如此才华出众的人才实属难得，但如果聘用他，给公司带来的损失可能会比他创造的价值还大，相信没有哪个公司愿意冒这个险。被贴上"不忠诚"标签的人，即使才华再出众也无法赢得好的事业。双料博士之所以找不到工作，就在于他缺乏对企业的忠诚。忠诚远远比能力更重要，只有能力而缺乏职业道德的人终究会让所有企业敬而远之。

小张和小林高中毕业后来到深圳打工，但却一直没有找到工作。当口袋里的钱所剩无几时，他们只好来到一个建筑工地上找到包工头推销自己。

老板说："我这里目前没有适合你们的工作，如果愿意的话，倒可以在我的工地上做小工，每天给你们 30 元钱。"无奈之下，两个人同意了。

第二天，老板给他们分配了任务——把木工钉模时落在地上的钉子捡起来。就这样每天小张和小林除吃饭的半个小时外，其他时间都一刻不停地捡着钉子。几天下来，小张暗暗算了一笔账，发现老板这样做十分不合算，根本达不到节流的目的。小张决定和老板谈一谈这个问题，但小林极力阻止他："还是别找老板的好，否则我们又得失业了。"小张没同意，直接找到老板。

"老板，恕我直言，企业需要效益，表面看来，捡回落下的钉子是一件合理的事，但它实际上给您带来的只是负值。我老老实实捡了几天钉子，每天最多不超过 10 斤。这种钉子的市场价是每斤 2.5 元，这样算下来，我一天能制造 20 元的价值，您却给我 30 元的工资。这不仅对您是损失，对我们也不公平。如果现在您算透了这笔账打算辞退我，请您直说。"

没想到，老板竟哈哈大笑起来，说："小伙子，你过关了！我手头上正缺一名施工员，拾钉子这笔账其实我也会算，我知道你们也都算出来了。我一直等着你们过来告诉我。如果一个月后你仍然不来找我，你们都会被辞退。企业需要效益，更需要像你这样忠于企业、一心为企业谋利益的人才，我希望你留下。至于小林，我只能说抱歉了。"

拥有相同技能与经历的小张和小林，干着同样的工作，小张为什么被老板留下而小林没有呢？因为小林不具备小张所特有的忠诚。忠诚是一种能力，且这种能力并不是每一个人都具备的，因此对于同一件事情，忠诚和不忠诚的人会有截然不同的看法，而表现在外的，则是不同的行为和举止。忠诚的人是不会只想着自己的，他们看重的是企业或集体的利益。而不忠诚的人总是对自己的利益严防死守，生怕损失一丝一毫，更有甚者，会为了谋取私利而出卖国家、出卖企业、出卖朋友，这样的人，你敢用吗？

3 年前欣宜大学毕业，学的是国贸专业，虽是大专，可她在校时就已通过了英语六级和计算机二级，另外还有多项奖励证书。带着这些材料和发表的十几篇文章，欣宜很顺利地进入了一家公司担任秘书。

刚开始上班时，欣宜还有一股新鲜劲，可随着日子一天天过去，整天做的就是会议纪要、打扫清洁、来客端茶这一类初中生都可以干的事情，加上是新员工，对公司不熟悉，领导也不怎么信任，欣宜渐渐觉得工作像白开水一样无味。

烦躁之中，欣宜将心思告诉了好友阿华，并说想立即辞职跳槽到其他公司。阿华思考了片刻问欣宜："你认为跳槽后能找到比这更好的单位吗？要知道你所在的公司也算小有名气。"后来他又建议："你别忙着跳槽，先熟悉公司的各种管理制度和管理方式，多学点东西，比如怎样写公文、怎样操作和修理传真机等。等你学会了本事、有了本钱再跳槽也不迟，那时有了经验，身价也会有所提高。"

欣宜听了阿华的劝告，又在公司待了一年。一年后的一个周末下午，阿华邀欣宜坐在当初一起谈心的小酒店，问欣宜是否决定要跳槽了。欣宜很奇怪："我在这家公司干得好好的，现在领导器重我，委以重任，工资提高了，福利也好了，干吗要跳槽？"

欣宜的故事让我们明白：忠诚其实也是一种能力，它可以通过说教慢慢培养，只不过这类忠诚总是用一种我们不易发现的形式表现出来，比如说跳槽。频繁跳槽其实并不能从实质上改变我们的境遇，只有通过提高自身的能力和素质，才能得到别人的青睐。成功离不开积累，知识需要积累，财富需要积累，人生的体验也需要积累，而积累总是在一定的时期内才能完成的。对许多就业者来说，在一个企业待上 3 ~ 4 个月，对企业才刚刚了解，岗位的技能也才刚刚上手，这时候跳槽，对个人来说，是一种时间和精力上的浪费，也是对企业的不负责任。

如今，随着竞争的日趋激烈和个人生存能力的不断提升，企业已经不再缺乏那些能力出众、文武双全的人才了，可是，我们仍然可以看到很多企业喊着招募人才的口号进行着一轮又一轮的招聘。为什么这些企业总是在不断招聘呢？为什么本不缺少人才的企业总是遭受人才饥荒呢？原因很简单：能者易得，忠者难求。

企业缺少的，恰恰是那些对公司忠心耿耿、至死不渝的"忠臣"，而那些看似人才的人，总是这山望着那山高，将企业作为自己登上更高山峰的跳板，在不断跳槽中"实现"自身的价值。对此，企业毫无办法，只能通过一轮又一轮的招聘来解决，因此，老板们总是在摇头叹息："这个社会，真是能者易得，忠者难求啊！"

就连比尔·盖茨都曾发出过这样的感叹："这个社会不缺乏有能力、有智慧的人，缺的是既有能力又忠诚的人。相比而言，员工的忠诚对于一个企业来说更重要，因为智慧和能力并不代表一个人的品质，对企业来说，忠诚比智慧更有价值。"

1998年，赵荣所在的机械厂开发出了新产品。产品推向市场后，迅速占领了国内市场，订单蜂拥而至。作为机械厂的骨干，赵荣带领其他员工挥汗如雨地加班加点工作，不顾疾病缠身，出色地完成了订单任务，帮助公司奠定了市场基础。

2001年12月，厂里接到北京某客户的订单，但要求机械厂选派得力人手进行现场制作，赵荣奉命前往，仅用了4天时间就完成了制作任务。紧接着，领导又派他赶往湖南的一个工地，对设备部件进行更换、调试，他又马不停蹄地赶去处理，每天工作12个小时以上，顺利地完成了任务。当他拖着疲惫的身体迈进家门时，新年的钟声已经敲响了。赵荣常说："企业给了我太多，我应该尽自己所能回报企业。"

一位客户两年多前购买的一台设备，由于工地调转，丢失了大部分部件，并在运输过程中被挤压变形。客户问他能不能修。他明知难度大、技术要求高，还是接下了任务。凭着过硬的技术，仅用了一周时间就使该设备正常运转了。随即，业主将一份大合同郑重地交给赵荣，请他将合同带回厂里，并说："与你们合作，我们放心！"赵荣凭着对企业的赤诚，为企业赢得了市场，赢得了尊重。

2007年，一些私人厂家找到赵荣许诺高薪聘请他，他一一回绝了，他说："我不能对不起企业，是企业养育了我。企业利益高于一切，我粉身碎骨也不能报答。"

后来，厂里选派全厂精英组建新产品学习组，赵荣顺利入围。在即将开始的新领域里，赵荣信心满怀，决心一如既往，踏实勤恳，为企业做出更大的贡献。

一个人，如果心里有忠诚的品质，就能在工作中焕发出勃勃生机，从而激发出强烈的进取心和求知欲，通过不断的学习提高自身能力，最终成为一个德才兼备的优秀人才。

忠诚是立身之本

作为从西点走出的军人，对战友的忠诚是这个世界上其他感情无法比拟的。那是一种永远也不会被抛弃的感觉。不管发生什么事情，总会有人走过来帮助你。这种相互间的关系是一个耿直的承诺。当你受伤后躺在一个荒无人烟的地方时，你知道总会有人来寻找你，甚至不惜付出自己生命的代价。这就是士兵之间的忠诚。

军队孕育的是一种强烈的忠诚感，其中的底线就是：作为一支部队，你们必须完成任务。你们所在的部队必须是一个可以发挥最大功效的军队，每个士兵都是训练有素的，并且知道该怎样做完自己的事情。伦西斯·利克特认为："团队中的每一位成员对整体团队的忠诚度越高，成员们共同达到团队目标的动力就越强，团队达到目标的可能性也就更大。"

美国海军陆战队在美国乃至全世界几乎无人不知、无人不晓。海军陆战队并不是从一开始就如此功勋卓著的，在创立之初，它甚至多次面临被解散的危机，那么，是什么让它度过了一次次危机并发展成为美国的"精锐之师"的呢？

因为海军陆战队有忠诚的士兵。一批又一批有着世界一流军事技能的海军陆战队队员怀揣着一颗报效祖国的赤胆忠心，投入美国军事建设事业的滚滚洪流中，他们的奉献和努力推动了整个海军陆战队的发展，同时也促使美国国防力量蒸蒸日上。

安德鲁·杰克逊是第一位提议撤销海军陆战队并在 1829 年设法实施提议的美国总统。在第二次世界大战后，哈里·杜鲁门总统也做了同样的事情，他签署了一项由陆军拟订的计划，该计划准备将所有的武装部队合并成一个战争部，并由一个人统一指挥，这意味着海军陆战队的消失。但是，海军陆战队每一次都以其忠诚和超强的作战能力证明了他们存在的价值，并且发展成为美国首屈一指的"精锐之师"。

"海军陆战队为什么能够挺过一次又一次被解散的难关，成长为美国的'精锐之师'呢？原因在于海军陆战队中有一批世界一流的士兵和军官，他们伴随着海军陆战队的成长！"罗尔杰斯上尉对洛里·西尔弗及其他新兵说。

正是忠诚推动了这支精英部队的快速发展，缔造了海军陆战队不死的神话。同样，忠诚也是个人的立身之本。因为团队是船，只有团队这只大船运行良好了，个人才能扬帆远航。

忠诚可以点燃企业的希望，可以帮助企业一步步走出困境，因此，忠诚的团队成员是企业爱不释手的宝贝，为了能够充分激发这些忠诚员工的潜质，企业会为这些忠诚的人提供最为广阔的发展空间，让他们也得到最丰硕的回报。

谭丁是沃尔玛在中国的总商品经理。1995 年，沃尔玛在中国开始筹备的时候，刚刚从上海交通大学毕业的谭丁就加入了这家公司。由于对采购工作没有任何经验，谭丁的工作进行得极其艰难，但是，她始终坚持一个原则，那就是随时都要想着为公司争取到最大的利益。

正是有了这种忠于企业的心态，谭丁在工作中不断学习并逐渐积累经验，掌握了谈判的要诀和技巧，一步步融入到自己的工作中。同时，谭丁还充分考虑到了供货商的利益，在谈判中力求达成一种双赢的效果。就这样，谭丁终于为自己打开了采购工作的局面，由一个普通的采购员晋升为助理采购经理，再到采购经理，后来成为总商品经理。这一路走来，谭丁靠的是对工作的无限忠诚和热爱。如今，她已经成为沃尔玛的 TMAP 计划培训人员，这个培训计划的目标就是培养接班人，可能是上一级主管，也可能是更高的管理层，这就意味着谭丁将会有无限量的晋升空间，她一定会前途无量的。

因为忠诚，谭丁将自己充分融入工作中，在主动学习中不断摸索、不断钻研，终于走出了一条适合企业发展的道路；也正是因为忠诚，谭丁得到了上级领导的赏识和厚爱，为自己赢得了无限量的发展空间。

但是，忠诚，这个包含着付出、责任甚至牺牲的字眼，曾几何时已被遗忘在无人的角落。许多人蔑视敬业精神，嘲讽忠诚，消极懒惰，最终自毁前程。当一个人失掉忠诚时，一同失去的还有一个人的尊严、诚信、荣誉以及立身之本。

此外，成功学家们通过研究还发现，在决定一个人成功的诸多因素中，能力大小及知识素养占 20%，专业技能占 40%，态度也仅占 40%，而 100% 的忠诚敬业是一个人获得上述成功因素的唯一途径，是实现和创造自我价值的最大秘诀，因此，只有忠诚敬业，才是安身立命的根本，才有可能收获成功，才有可能实现自己的人生价值。

忠诚就是要全力以赴

毕业于西点军校的美国前国务卿鲍威尔年轻的时候，为了帮家里补贴生计，经常从事各种繁重的工作。

有一年夏天，鲍威尔在一家汽水厂当杂工。除了洗瓶子外，老板还要他擦地板、搞清洁等。但是他都毫无怨言、很认真地去干。有一天，有人在搬运产品中打碎了50瓶汽水，弄得车间里到处都是泡沫和玻璃碎片。按照常规，这得让弄翻产品的工人清理打扫。但是老板为了节省人力，就让干活麻利爽快的鲍威尔去打扫。鲍威尔当时很郁闷，想大发脾气硬是不干。但是转念想想，自己是厂里的清洁工，这也是自己分内的活，就心平气和地把满地狼藉的脏物扫除揩拭得干干净净了。

过了两天，厂里的负责人通知他：他已经被晋升为装瓶部主管。从那以后，他就记住了一条真理：凡事全力以赴，总会有人注意到自己的。

不久之后，鲍威尔以优异的成绩考上了西点军校。之后官至美国参谋长联席会议主席，衔领四星上将，北大西洋公约组织、欧洲盟军总司令和美国国务卿。

即便是取得了这么高的地位，他也一直没有忘记全力以赴这个工作信念。他每天都是最早上班，又是最晚下班的。鲍威尔在西点军校演说的时候，曾以"凡事全力以赴"为题，对学员们讲述了这样一个故事：

在建筑工地上，有3个挖沟的工人。一个志比天高，每挖一阵就拄着铲子说："我将来一定会做房地产老板！"第二个整天都在抱怨工作辛苦，报酬低。第三个一声不响挥汗如雨地埋头苦干，与此同时，他的脑子也在不停琢磨着如何挖好沟坑让地基更加牢固……

若干年后，第一个人仍然还在拿着铲子干着挖沟的苦活；第二个虚报工伤，找个借口提前病退，每月领着仅可糊口的微薄退休金；第三个成了一家建筑工地的老板。

这个故事以及鲍威尔的亲身经历最后成了西点军校教育学员"凡事都要全力以赴"的活教材。因为西点人知道，一个人是否能变得优秀，一个人能够在工作中创造出怎样的成绩，关键不在于这个人的能力是否卓越，也不在于外界的环境是否优越，关键在于他是否竭尽全力。一个人只要竭尽全力，即使他所从事的只是简单平凡的工作，即使他的能力并不突出，即使外界条件并不有利，他仍然可以在工作中创造出骄人的成绩。

阿尔伯特·哈伯德先生在《把信送给加西亚》里讲述了这么一个故事：

"一切有关古巴的事情中，有一个人常常从我的记忆中冒出来，让我难以忘怀。

"美西战争爆发时，美国总统必须立即与古巴的起义军首领加西亚取得联系。加西亚在古巴广阔的山脉里——没有人确切地知道他在哪里，也没有任何邮件或电报能够送到他手上。而美国总统麦金莱又必须尽快地得到他的合作。

"怎么办呢？

"有人对总统说：'如果有人能够找到加西亚的话，那么这个人就是罗文。'

"于是总统把罗文找来，交给他一封写给加西亚的信。至于那个名叫罗文的人，如何拿了信，用油纸袋包装好、打封，放在胸口藏好；如何经过 4 天的船路到达古巴，再经过 3 个星期，徒步穿过这个危险的岛国，终于把那封信送给加西亚——这些细节都不是我想说的。我要强调的重点是：

"美国总统把一封写给加西亚的信交给罗文；而罗文接过信之后，并没有问：'他在什么地方？'

"像罗文这样的人，我们应该为他塑造铜像，放在所有的大学里，以表彰他的精神。年轻人所需要的不仅仅是从书本上学习来的知识，也不仅仅是他人的种种教诲，而是要塑造一种精神：忠于上级的托付，迅速地采取行动，全力以赴地完成任务——'把信送给加西亚'。

"加西亚将军已经不在人世，但现在还有其他的'加西亚'。没有人能够经营好这样的企业——在那里虽然有众多人手，但是令人惊讶的是，其中充满了许多碌碌无为的人，这些人要么没有能力，要么不情愿去集中精力做好一件事。

"工作上拖拖拉拉、漫不经心、三心二意似乎已成常态；没有人能够成功，除非威逼诱惑地强迫他人帮忙；或者，请上帝大发慈悲创造奇迹，派一名天使相助。

"你可以就此做个试验：

"你正坐在办公室里——你可以随时给6名职员安排任务。你把其中任何一名叫过来，对他说：'请帮我查一查百科全书，把克里吉奥的生平做成一篇摘要。'

"他会静静地说：'好的，先生。'

"然后他会去执行吗？

"我敢说他绝对不会，他会用死鱼般的眼睛盯着你，然后满脸疑惑地提出一个或数个问题：

"'他是谁呀？'

"'哪套百科全书？'

"'百科全书放在哪儿？'

"'这是我的工作吗？'

"'为什么不叫乔治去做呢？'

"'急不急？'

"'需不需要我拿书过来你自己查？'

"'你为什么要查他？'

"我敢以10：1的赌注跟你打赌，在你回答了他提出的所有问题，解释了怎样去查那些资料以及你为什么要查的理由之后，那个职员会走开，吩咐另外一个职员去帮他'寻找加西亚'，然后回来向你复命：没有这样一个人。当然，我可能会输掉赌注，但是根据平均概率法则，我不会输。

"现在，如果你足够聪明，你就不必费神地对你的'助理'解释：克里吉奥编在什么类，而不是什么类。你会微笑着说：'没关系！'然后自己去查。

"这种自主行动的无能，这种道德上的愚行，这种意志上的脆弱和惰性，就是未来社会被带到崩溃境地的根源。如果人们不能为了自己而自主行动，人们又怎么可能心甘情愿地为他人服务呢？

"乍看起来，所有的公司都有许多可以委以任务的人选，但是事实真是如此吗？你刊登广告招聘一名速记员，应聘者中，十有八九不会拼也不会写，他们甚至认为这些都无所谓。

"这种人能够写出一封致加西亚的信吗？

"'你看那个职员。'一家大工厂的主管对我说。

"'我看到了，他怎么样？'

"'他是个很好的会计，不过如果我让他去城里办个小差事，他可能会完成任务，但很可能在途中走进酒吧，而到了市区，他还可能根本忘记了他自己是来干什么的。'

"这种人你能把给加西亚送信的任务交给他吗？

"近来，我们听到了许多人对'在苦力工厂工作的可怜人'和'那些为了寻找一份舒适的工作而频繁跳槽的人'表示同情，但是从来没有人提到，那些年龄正在不断变老的雇主们白费了多少时间和精力去促使那些不求上进的懒虫们勤奋起来；也没有人提到，雇主们持久而耐心地期待那些当他一转身就投机取巧、敷衍了事的员工能够振奋起来。

"在每家商店和工厂，都有一些常规性的整顿工作。雇主经常送走那些不能对公司有所助益的员工，同时也会接纳一些新的成员，不论有多忙，这种淘汰工作都要进行。只是当经济不景气、就业机会不多的时候，整顿才会有明显的绩效——那些不能胜任、没有才能的人，都被摈弃于公司大门之外，只有最能干的人，才会被留下来。这是一个优胜劣汰的机制。雇主们为了自己的利益，只会保留那些最佳的职员——那些能'把信送给加西亚'的人。

"我认识一个有真才实学的人，但他没有独自经营企业的能力，并且对他人也没有丝毫的价值，因为他总是偏执地怀疑他的雇主在压榨他，或有压榨他的倾向。他没有能力指挥他人，也不愿意被他人指挥。如果你要他去'把信送给加西亚'，他的回答很可能是：'你自己去吧！'

"当然，我知道像这种道德残缺的人比那些肢体残缺的人更不值得同情；但是，我们对那些用毕生精力去经营一个伟大企业的人应该予以同情：下班的铃声不能够停止他们的工作，他们因为努力维持那些漫不经心、拖拖拉拉、不知感激的员工的工作而白发日增。那些员工从来不愿想一想，如果没有雇主们付出的心血，他们是否将挨饿和无家可归？

"我是否说得太严重了？可能如此。但是，就算整个世界变成贫民窟之时，我也要为成功者说几句同情的话——他们承受巨大的压力，导引众人的力量，终于获得了成功；但他从成功中得到了什么呢？除了食物和衣服，其他什么也没有。

"我曾经为了衣食而为他人工作，也曾经当过一些雇员的老板，我深知其中的甘甜苦乐。贫穷没有什么优越之处，也不值得赞美，衣衫褴褛更不值得骄傲。并非所有的雇主都是采取高压手段极力压榨员工，并且我敢说，大多数雇主都更富有美德。

"我敬佩的是那些不论老板在与不在都会坚持工作的人。当你交给他一封致加西亚的信时，他会迅速地接受任务，不会问任何愚蠢的问题，更不会随手把信扔到水坑里，而是全力以赴地把信送到。这样的人永远不会被解雇，也永远不会为加薪而罢工。

"文明，就是孜孜不倦地寻找这种人才的一段长久过程。

"这样的人无论有什么愿望都能够得以实现。每个城市、乡镇、村庄，以及每个办公室、商店、工厂，都需要他参与其中。世界呼唤这种人才——非常需要并且急需——能够把信送给加西亚的人。"

一位经理在描述自己心目中的理想员工时说："我们所急需的人才，是意志坚定、工作起来全力以赴、有奋斗进取精神的人。我发现，最能干的人大体是那些天资一般、没有受过高深教育的人，他们拥有全力以赴的做事态度和永远进取的工作精神。做事全力以赴的人获得成功的概率大约占到九成，剩下一成的成功者靠的是天资过人。"这种说法代表了大多数管理者的用人标准：除了忠诚以外还应加上全力以赴。

　　著名商人李嘉诚曾经说过："做生意不需要学历，重要的是全力以赴。"世界著名 CEO 杰克·韦尔奇也曾经说过："干事业实际上并不依靠过人的智慧，关键在于你能否全身心地投入，并且不怕辛苦。实际上，经营一家企业不是一项脑力工作，而是体力工作。"可见，在我们的工作中，学历和能力并不一定是最重要的，最重要的是抱着忠诚的态度全力以赴地去做事。

绝不推卸责任

毕业于西点军校的麦克阿瑟将军曾是西点军校的校长。《责任、荣誉、国家》是麦克阿瑟将军在西点军校发表的一篇激动人心的演讲，其中讲道：

"你们的任务就是坚定地赢得战争的胜利。你们的职业中只有这个生死攸关的献身，此外什么也没有。其余的一切公共目的、公共计划、公共需求，无论大小，都可以寻找其他的办法去完成；而你们就是训练好参加战斗的，你们的职业就是战斗——决心取胜。在战争中明确的认识就是为了胜利，这是代替不了的。假如你失败了，国家就要遭到破坏，唯一能够缠住你的公务就是责任、荣誉、国家。"

责任是西点军校对学员的基本要求。它要求所有的学员从入校的那天起，都要以服务的精神自觉自愿地去做那些应该做的事，都有义务、有责任履行自己的职责，而且在履行职责时，其出发点不应是为了获得奖赏或避免惩罚，而是出于发自内心的责任感。正是西点军校多年来向其学员实施的这种责任感的教育，为学员毕业后忠实地履行报效祖国的职责和义务奠定了坚实的思想基础。

西点人勇于承担责任，在执行任务中，不论要面对多么艰巨的困难，他们都会毫不犹豫地承担下来，而非推卸责任。对西点军人来说，责任是一种义务，也是一种荣誉。西点军人历来视能够承担责任的军人为勇士，与为国捐躯一样光荣。

毕业于西点的海军中将纳尔逊1870年参加海军，21岁升为上尉，1894年在一次海战中失去了右眼，1896年晋升为分舰队司令，次年授予海军少将衔。在一次战役中他失去右臂，复员返乡。1896年，他重返军队时晋升为海军中将。1898年10月21日，在古巴特拉法尔加角海战中，他率军大败法西联合舰队，最终挫败西班牙入侵美国的计划，英勇献身。作为一名西点人，他的遗言是"感谢上帝，我履行了我的职责"。

纳尔逊习惯在战争中祈祷，祈祷内容包括：期望海军以人道的方式获胜，以区分于他国。他是这么说的，也是这么做的，两次下令停止炮击"无敌号"舰，因为他认为该舰被击中了，已丧失战斗力。可惜的是，他最终死于这艘他两次手下留情的炮舰。当两舰甲板之间的距离不超过15码（1码＝0.9144米）的时候，敌舰从尾桅顶部开火，击中了他的肩膀。更糟糕的是，他的前胸也不断涌出鲜血。

经过检查，大家发现这是致命伤。这事除了哈定舰长、牧师和医务人员知道外，向所有人保密。但纳尔逊似乎已经意识到回天无术了，所以他坚持让外科医生离开，代之以那些他认为有用的人。

哈定说毕提医生可能还有希望挽救他的生命。"哦，不！"他说，"这不可能，我的胸全被打透了，毕提会告诉你的。"然后哈定再次和他握手，痛苦得难以自制，匆匆地返回甲板。

毕提问他是不是非常痛。"是的，痛得我恨不得死掉。"他低声回答说，"虽然希望多活一会儿。"

哈定舰长离开船舱15分钟后又回来了。纳尔逊很费力地低声对他说："不要把我扔到大海里。"他说最好把他埋葬在父母墓边。然后，他流露了个人感情："关照亲爱的汉密尔顿夫人，哈定。关照可怜的汉密尔顿夫人。哈定，吻我。"

哈定跪下去吻他的脸。纳尔逊说："现在我满意了，感谢上帝，我履行了我的职责！"

他说话越来越困难了，但他仍然清晰地说："感谢上帝，我履行了我的职责！"他几次重复这句话，这也是他留给世人的光辉榜样。

西点的优秀军人纳尔逊用生命诠释了职责的神圣含义。

对于西点人来说，推卸责任是一种耻辱。当一个国家把自己的安危交付给他们的时候，西点人觉得没有任何事情能比承担起这个责任更为重要和伟大。就如西点毕业生罗伯特·爱德华·李所说的，"责任在我们的语言里是一个最崇高的字眼。做所有的事情都应尽职尽责；你不能越俎代庖，你也永远不要期盼得过且过"。

事实上，不管做什么事情，只要我们像西点人一样怀着一颗勇担责任的心，全心全意，尽职尽责，那么我们的事业便会变得一帆风顺，而生活也会变得更加充实和意义非凡。

无论我们做什么工作，处在什么岗位上，都应该尽职尽责，勇敢地承担起责任。一个人如果缺乏责任感，他就不可能以认真的态度去处理事情。很多员工总是游离在公司之外，就是因为他从来没有对公司的事情负起过责任。试想：一个不负责任的员工怎么可能具备主动精神呢？怎么可能创造出良好的业绩呢？又怎么可能赢得老板的赏识呢？

相反，如果我们像西点军校的学员们那样对企业充满责任感，一切就会大不相同。即使你的工作环境很困苦，但如果你能勇于承担责任，全身心地投入工作，你最后收获的肯定不仅仅是经济上的补偿，还有职位上的提升、人格的自我完善。

俄国作家列夫·托尔斯泰曾说："如果你做某事，那就把它做好；如果不会或不愿做它，那最好不要去做。"对于一个人来说，从他进入公司的那一天起，他便已经选择了接受，接受了一份工作，接受了一份责任。员工的义务便是尽职尽责，竭尽所能地把工作做好。

每一个人的职责连缀起来，就构成了集体的职责。任何一个岗位的疏忽和延误，都不可小视。"千里之堤，溃于蚁穴。"在企业中，许多大问题的产生都是由一些小问题累积而成的。正如印度小说家普列姆昌德所说："责任感常常会纠正人的狭隘性。当我们徘徊于迷途的时候，它会成为可靠的向导师。"坚守岗位，尽职尽责，能够激发我们每个人最大的潜能，能让我们及时发现潜伏着的危机和问题。

一家人力资源管理机构曾经做过一次这样的试验：试验的参加者们都被告知连续跑完 5 个 400 米接力赛是他们这次行动的使命。参加试验的人被分成两个团队，每个团队又按照 4 人一组的方式分成若干小组，其中一个团队的各小组成员均被告知"在规定时间内跑完全部赛程，这是你们必须尽到的责任，不能尽到自己职责的人将被淘汰"。而另一个团队则没有接到任何有关责任的提示。

试验结果表明，第一个团队 90% 的小组都在规定时间内跑完了全程，另外的 10% 虽然超过了规定时间，但他们仍然尽全力跑完了全程。而在第二个团队中，只有 20% 的小组在规定时间内跑完了全程，另外还有 20% 的小组跑完了全程，但是所用的时间远远超过了规定时间。

责任就像一座警钟，时时提醒我们兢兢业业，不可懈怠。责任又像一部发动机，永远推动我们克服困难，勇往直前。只有把责任放在心中，我们才不会放过任何一个细节，不会草率地处理任何一件事情。责任意识强的员工必定是个工作认真、高度负责的人，能够在每一个岗位上做出优秀的业绩，也最容易被老板赏识、为机会所垂青。

老吴是个退伍军人，几年前经朋友介绍来到一家工厂做仓库保管员。虽然工作不繁重，无非就是按时关灯、关好门窗、注意防火防盗等，但老吴却做得非常认真。他不仅每天做好来往的工作人员提货日志，将货物摆放整齐，还从不间断地对仓库的各个角落进行打扫清理。

3 年下来，仓库居然没有发生过一起失火失盗案件，其他工作人员每次提货都能在最短的时间内找到所提的货物。就在工厂建厂20周年庆功会上，厂长按老员工的级别亲自为老吴颁发了5000元奖金。好多老职工不理解，老吴才来厂里3年，凭什么能够拿到这个老员工才能拿的奖项？

厂长看出了大家的不满，于是说道："你们知道我这3年中检查过几次咱们厂的仓库吗？一次没有！这不是说我工作没做到，其实我一直很了解咱们厂的仓库保管情况。作为一名普通的仓库保管员，老吴能够做到3年如一日地不出差错，而且积极配合其他部门人员的工作，对自己的岗位忠于职守，比起一些老职工来说，老吴真正做到了高度负责、爱厂如家，我觉得他得到这个奖励是当之无愧的！"

责任不像政绩一般摆在明处、轰轰烈烈，而是深藏于心，需要用耐性在岁月中逐渐沉淀。我们的工作岗位可能很平凡，所做的工作也比较枯燥单一、重复率高，但没有任何一项工作是无关紧要的，没有任何一个时刻是可以随便应付的。罗曼·罗兰说过："在这个世界上，最渺小的人与最伟大的人同样有一种责任。"我们接受了一份工作，便要承担起相应的责任，对企业负责，对他人负责，同时也对自己负责。让使命感深植于心中，哪怕是在平凡的岗位上，我们一样可以做出不平凡的业绩。

大连市公共汽车联营公司702路422号双层巴士司机黄志全，在行车的途中突发心脏病。在生命的最后一分钟，他做了3件事。

第一件事：把车缓缓地停在路边，并用生命最后的力气拉下了手动刹车闸。

第二件事：用尽全身力气把车门打开，让乘客安全地下车。

第三件事：将发动机熄火，确保了车和乘客的安全。

他做完这3件事后，趴在方向盘上停止了呼吸。

他只是一名平凡的公共汽车司机，他在生命的最后一分钟里所做的一切也并不惊天动地，然而他却是有责任心、有使命感的人的榜样与骄傲。

美国作家马克·吐温说:"我们来到这个世界是为了一个聪明和高尚的目的,即必须好好地尽我们的责任。"走出企业这一个小团队,我们又何时不是在承担着责任,对家庭负责、对朋友负责、对社会负责……一个对工作负责的人也必定是一个勇于担当社会责任的人,也是一个受人尊敬的人。

责任比能力更重要

一位伟人曾说过:"人生所有的履历都必须排在勇于负责的精神之后。"责任感能够让一个人具有最佳的精神状态,精力旺盛地投入工作,并将自己的潜能发挥到极致。

一位化妆品公司的老板费拉尔先生重金聘请了一位叫杰西的副总裁,他虽然非常有能力,但到公司一年多来,几乎没有创造什么价值。

当然,杰西的确是一个人才。从他的档案上显示,他毕业于哈佛大学,到费拉尔公司之前,曾经在3家企业担任高层主管。他非常擅长资本运作,曾经带领一个5人团队,用3年时间将一个20人的小企业发展成为员工上千人、年营业额5亿多美元的中型企业,创造了令同行称道的"杰西速度";在1998年至2000年间,他更是叱咤华尔街,掀起一阵"杰西旋风"。这样出色的人才,怎么会创造不了价值呢?

"在个人能力方面,我是绝对信任他的。"费拉尔先生说。

"你了解他具备哪些能力吗?"一位人力资源咨询师问他。

"当然了解,在请他来之前,我是非常慎重的,我请专业猎头公司对他进行了全面的能力测试,测试结果令我非常满意。"费拉尔说,他还详细列举了杰西具备的各种能力,并举出了杰西以前工作中的很多成功案例来佐证。

确实，费拉尔先生对杰西的能力是非常了解和倚重的，但是作为一名高层主管，杰西所需要的，绝不仅仅是薪水，单靠薪水，是难以建立他这种综合能力很高的人才的责任感的。后来经过深入的沟通，那位咨询师发现，杰西是一个勇于接受挑战的人，工作的难度越大，越能激起他奋斗的欲望，他随时都有一种准备冲锋陷阵的冲动。应该说，这样的人才是企业的宝贵财富。

"在进入公司之初，我满怀激情，决心干一番大事业。后来，我发现一切都不是我想象的那样，越来越觉得没意思，对公司也渐渐失去了认同，对自己的工作失去了兴趣。"杰西终于说出了心里的想法。他说："我希望有一个能够放开手脚大干一场的工作环境，而不喜欢太多的束缚。"

原来，杰西的上司费拉尔先生有两个致命的弱点：一是对所用之人难以放心，害怕能人挖公司的墙脚；二是喜欢亲力亲为，经常越级指挥。在很多事情上，使杰西感觉自己的位置形同虚设。

杰西最需要的，应该是需求层次中的"自我实现的需求"，如果能够以业绩来证明自己，就是他人生最大的快乐。找到问题之后，咨询师把费拉尔和杰西请到一起，共同分析公司授权和指挥系统方面的问题，明确了作为董事长兼总裁的费拉尔的职权范围和作为副总裁的杰西的职权范围，共同制定了公司的授权制度，以及组织指挥原则。通过他们的共同努力，情形发生了很大的变化。杰西几乎是变了一个人，他做出了很多成绩，而且，费拉尔先生和他已经成了不可分离的亲密战友。

这个故事很有启发意义。杰西的转变，使他自身出众的才能得以充分发挥。而促使他转变的关键因素，则是重新唤起了他对公司的责任感。实际上，杰西本人是极富责任感的——他的能力也是一流的，但他在费拉尔先生的公司里起初的无所作为和之后的成功表现证明了责任感胜于能力。然而，让我们感到万分遗憾的是，在现实生活以及工作中，责任感经常被忽视，人们总是喜欢片面地强调能力。

的确，战场上直接打击敌人的，是能力；商场上直接为公司创造效益的，也是能力。而责任感，似乎没有起到直接打击敌人和创造效益的作用。可能正是因为这一点，导致人们重视能力而轻视责任意识。

人力资源考官在招聘新职员时，关注的总是"你有什么能力""你能胜任什么工作""你有什么特长"之类关于能力方面的问题，而很少关注"你能融入到我们公司的文化中吗""你认同我们公司的理念吗""你如何理解对公司的热爱"等关于责任感的问题。主管们在分派任务时，也在无意识中犯着类似的错误。他们过分强调员工"能够做什么"，而忽视了员工"愿意做什么"。

一个员工能力再强，如果他不愿意付出，他就不能为企业创造价值，而一个愿意为企业全身心付出的员工，即使能力稍逊一筹，也能够创造出最大的价值来。这就是我们常说的"用 B 级人才办 A 级事情"，"用 A 级人才却办不成 B 级事情"。一个人是不是人才固然很关键，但最关键的还在于这个人才是不是一个企业真正意义上负责任的员工。

当然，责任感胜于能力，并不是对能力的否定。一个只有责任感而无能力的人，是无用之人。而责任感则需要用业绩来证明，业绩是靠能力去创造的。对一个企业来说，员工的能力和责任感都是动态的。

卡尔先生是美国一家航运公司的总裁，他提拔了一位非常有潜质的人到一个生产落后的船厂担任厂长。可是半年过后，这个船厂的生产状况依然不能够达到生产指标。

"怎么回事？"卡尔先生在听了厂长的汇报之后问道，"像你这样能干的人才，为什么不能够拿出一个可行的办法，激励他们完成规定的生产指标呢？"

"我也不知道。"厂长回答说,"我也曾用加大奖金力度的方法引诱,也曾经用强迫压制的手段威逼,甚至以开除或责骂的方式来恐吓他们,无论我采取什么方式,都改变不了工人们懒惰的现状。他们就是不愿意干活,实在不行就招聘新人吧,让他们走人!"

这时恰逢太阳西沉,夜班工人已经陆陆续续向厂里走来。"给我一支粉笔!"卡尔先生说,然后他转向离自己最近的一个白班工人,"你们今天完成了几个生产单位?"

"6个。"

卡尔先生在地板上写了一个大大的、醒目的"6"字以后,一言未发就走开了。当夜班工人进到车间时,他们一看到这个"6"字,就问是什么意思。

"卡尔先生今天来这里视察,"白班工人说,"他问我们完成了几个单位的工作量,我们告诉他6个,他就在地板上写了这个6字。"

次日早晨卡尔先生又走进了这个车间,夜班工人已经将"6"字擦掉,换上了一个大大的"7"字。下一个早晨白班工人来上班的时候,他们看到一个大大的"7"字写在地板上。

夜班工人以为他们比白班工人好,是不是?好,他们要给夜班工人点颜色瞧瞧!他们全力以赴地加紧工作,下班前,留下了一个神气活现的"10"字。生产状况就这样逐渐好起来了。不久以后,这个一度生产落后的厂子比公司别的工厂产出还要多。

卡尔先生就这样巧妙地达到了提升生产效率的效果,是因为他用一个数字激起了员工对企业的责任意识。而这种责任感使得员工充分发挥出他们的能力,创造出骄人的业绩。

责任感胜于能力,我们要重视它,还因为另一个原因:能力永远由责任感承载。

如果你的领导让你去执行某一个命令或者指示,而你却发现这样做可能会大大影响公司的利益,那么你一定要理直气壮地提出来,不必去想你的意见可能会让你的上司大为恼火或者就此冲撞了你的上司。大胆地说出你的想法，让你的领导明白，作为员工，你不是在刻板地执行他的命令，你一直都在斟酌考虑，考虑怎样做才能更好地维护公司的利益和领导的利益。同样，如果你有能力为公司创造更多的效益或避免不必要的损失，你也一定要付诸行动。因为，没有哪一个领导会因为员工的责任感而批评或者责难他。相反，你的领导会因为你的这种责任感而对你青睐有加。因为职业的责任感会让你的能力得到充分的发挥，这种人将被委以重任，而且大概也永远不会失业。

一个主管过磅称重的小职员，也许会因为怀疑计量工具的准确性，而使计量工具得到修正，从而为公司挽回巨大的损失，尽管计量工具的准确性属于总机械师的职责范围。正是因为这种责任感，才会让你得到别人的刮目相看，或许这正是你脱颖而出的一个好机会。相反，如果你没有这种责任意识，也就不会有这样的机会了。成功，在某种程度上说，就是来自责任感。

将服从训练成习惯

威灵顿公爵是拿破仑战争时期的英军将领，曾任英国第25、第27任首相，因治军严格被称为"铁公爵"。他曾说："服从命令是一个军人的天职，这是我们的责任，并不是侮辱。军人必须把服从训练成本能，训练成习惯。"

"一切行动听指挥"是军人的一种本能，每一名军人要学会的第一件事情就是服从。服从就是无条件执行上司的命令。在西点军校的观念中，服从是一种至高无上的道德。对西点人来讲，对权威的服从是百分之百的正确，因为军人就是要执行作战命令，要带领士兵向设有坚固防御之敌进攻，没有服从就没有胜利。

西点退役上校唐尼索恩在他的回忆录里描述过他当年刚进西点时的一个小故事：

1962年，当时我还是一个对未来充满幻想的18岁青年，报到那一天我穿着一件红色T恤和短裤，提着一个小皮箱来到西点军校。在体育馆办理完报到手续之后，我就走向校园中央的大操场。

在操场边上我看到了一位身穿制服的学长，他当时的样子只能用完美无瑕来形容：他肩上披着红色的值星带，表明他是新生训练的负责人之一。他远远看到我就说："嘿，穿红衣服的那个，到这边来。"我一面走向他，一面伸出手说："嗨，我叫唐尼索恩。"我面带笑容，期待着他对我亲切地问候。结果出乎我的意料，他非常严厉地对我说："菜鸟，你以为这里有谁会管你叫什么名字吗？"你可以想象得到，我当场被他驳得哑口无言。紧接着他命令我把皮箱丢在地上，单是这个动作就折腾了我半天。我弯下腰把皮箱放在地上。他说："菜鸟，我是叫你把皮箱丢下。"这一次，我弯下身，在皮箱离地面5厘米左右松手让它掉下去，他却还是不满意。我一再地重复这个动作，直到最后一动不动地只把手指松开让皮箱自己掉下去，他才终于满意。

这种"斯巴达式"的训练方式是西点军校的一大特色，它使学员们的身体疲惫不堪，而这正是训练学员们服从权威的有效手段。西点强调服从，训练学员们通过服从统一意志，统一行动，进而达成既定的目标。在西点为了培养服从意识，每个学员都被要求切记避免"对总统、国会或自己的直接上司做任何贬低的评论"。西点教诲学员："不要传递那种不受上司欢迎的文件和报告，更不要发表使上司讨厌的讲话。"如果摸不准自己的报告或发表的讲话是否符合上司口味，可以事先征求一下上司的意见。西点军校还教育学员养成"公务员的性格"，坚信当权者是完美无缺的人，是有识之士，对当权者不要有任何怀疑。这一做人原则是西点的传统道德。

一位知名的西点教官对服从做了非常生动的描述："上司的命令，好似大炮发射出的炮弹，在命令面前你无理可言，必须绝对服从。"西点经常教育学员："我们不过是枪里的一颗子弹，枪就是美国整个社会，枪的扳机由总统和国会来扣动，是他们发射我们。他们决定我们打谁，我们就打谁。"尼克松总统非常欣赏黑格将军，就是因为他的服从精神和严守纪律的品格——需要发表意见的时候，坦而言之，尽其所能；当上司决定了什么事情，就坚决服从，努力执行，绝不表现自己的聪明。

巴顿将军在他的《我所知道的战争》这本战争回忆录中曾写到这样一个细节："我要提拔人时常常把所有的候选人排到一起，给他们提一个我想要他们解决的问题。我说：'伙计们，我要在仓库后面挖一条 98 英尺长、3 英尺宽、6 英寸深的战壕。'我就告诉他们那么多。我有一个有窗户或有大节孔的仓库。候选人正在检查工具时，我走进仓库，通过窗户或节孔观察他们。我看到伙计们把锹和镐都放到仓库后面的地上。他们休息几分钟后开始议论我为什么要他们挖这么浅的战壕。他们有的说 6 英寸深还不够当火炮掩体。其他人争论说，这样的战壕太热或太冷。如果伙计们是军官，他们会抱怨他们不该干挖战壕这么普通的体力劳动。最后，有个伙计对别人下命令：'让我们把战壕挖好后离开这里吧。那个老家伙想用战壕干什么都没关系。'"最后，巴顿写道："那个伙计得到了提拔。我必须挑选坚决服从命令，不找任何借口地去完成任务的人。"

巴顿将军不仅要求别人服从他的命令，同时他自己也是以身作则。布雷德利将军就曾经给巴顿写过这样一个评语："他总是乐于并且全力支持上级的计划，而不管他自己对这些计划的看法如何。"巴顿将军之所以被喻为西点军校最杰出的学员之一，被历代西点学员所崇拜，其中最重要的原因之一就是他的这种坚决服从命令的职业军人风范。

经过 4 年的学习与训练，西点学员们已经把服从训练成了一种本能的习惯，西点学员在个人权威与集体权威产生矛盾时，他们最终服从的是集体权威。西点军校提出的"服从"，绝不仅仅是指单纯的"听话"，也不仅仅是指机械地遵照上级的指示。服从需要个人付出相当大的努力，它需要在一定限度内牺牲个人的自由、利益，甚至生命。

能够进入西点军校的学生无一不是在高中时代的优秀分子，他们不论是在学业还是课外活动的表现上，都是名列前茅的高才生。具有这样优越条件的青年，也可能变成刚愎自用、自高自大的管理者。但是西点军校却严格打压个人主义，服从对任何人来讲都是无条件的。西点军校对刚入校的新学员要进行极为严格的服从训练。

这些训练让他们明白，他们只不过是西点这个大团队中的一分子罢了，并且需要有一定的法规和传统来约束他们，并让他们知道自己对国家负有重大的使命。

为了使新学员具有这种坚定的服从意识，西点军校需要进行近乎残酷的训练。在训练的过程中，他们失去了"自由"，不准保留有任何最基本的个人财物，不准保留任何代表个人特色的象征。在最初训练的几个星期里，所有的新学员都像新生儿一样，无名无姓，也没有任何独立的个性。

军人必须服从，不会服从，不养成服从观念和习惯，就无法在军队立足。并不是所有上司的指令都千真万确，上司也会犯错误，但上司的地位、责任使他有权发号施令；上司的权威，整体的利益，不允许部属抗令而行。因此，服从观念要在西点学员身上打下深深的烙印，忍受不了"服从"这种军人特殊的美德，就请走人。

对于我们一般人来说，服从也依然是一种重要的美德，尤其是在职场中，在团队合作中。在企业中，服从是行动的第一步，放弃个人的一些观念，而完全融入组织的价值观念中去。无条件地执行才是企业所需要的好员工，而作为一名领导者，也必须学会服从。只有学会了服从，领导者才有可能以最佳的方式和方法处理好个人权威与集体权威、个人利益与集体利益的关系。服从命令并且立刻着手去做，这样才能更好地完成工作。

服从是一个优秀员工必须接受的严峻考验。会服从的员工也并不是凡事都唯命是从，服从强调的是对公司文化的认同感。每个公司都有自己独特的公司文化，正像西点的校训一样，全体员工要有自己的共同愿景。企业文化是公司之魂，它可以把所有原本个性迥异的员工团结成一个整体，这就是公司发展的驱动力。

企业的动作也同军队一样是由一个命令系统构建的。如果下属不能无条件地服从上司的命令，那么在达成共同目标时，则可能产生障碍。反之，如果能够完全发挥命令系统的机能，此团队必可胜人一筹。

服从是最主要的一种团队精神。西点军校培养的是未来军队中的管理者，这些未来的管理者们，还在军校接受服从训练时，就失去了自由和个性。换句话说，他们在个人自由和保持个性独立遭受威胁的时候，仍然能够为了维护团队的利益和形象做到绝对的服从。西点军校的学员进行了这一系列训练，在他们成为管理者之后，才能够真正以国家和民众利益为重，并坚决服从国家和民众所交给他们的任务！

同样企业的管理也必须以服从作为根本。西点军校有一个理念：一个管理者的成败，有很多地方就是取决于有没有学会服从的角色。这一点对于很多经营并不顺利的企业及其工作并不顺利的员工有着很强的借鉴意义——缺乏服从意识是他们失败的重要原因。服从是对人的一种考验，经受住了这种考验并能把服从训练成习惯的人，将能够自在地立足于这个社会，不断地走向成功。

"一切从零开始"，服从要有归零心态

西点军校在给新学员家长的一封信中明确写道："您的儿子选择进入美国陆军军官学校，就是选择做出牺牲，选择忘掉过去所有的成绩，选择一切从头开始。"每位学员在进入西点之前必须对这个问题做好思想上的准备：或者迎接挑战，做出牺牲，或者放弃西点，没有中间道路可供选择。

一位西点教官曾对新学员说："在西点军校他们首先会剥光你的衣服，但是他们还不肯就此罢休。他们要把你身上仅有的一点点自尊心绞干——你将失去不受别人干预、自由生活的正当权利。"

Free Markets 公司的高级副总裁戴夫·麦考梅克是西点军校

1987 年毕业生，他回忆起刚进西点时的情景说："西点军校是特别能打消傲气的地方。我来自一个小镇，在那里，我是优等生，而且还是一个运动队的头儿。我来到西点后发现，我的同学中 60% 是运动队的头儿，20% 是所在中学的尖子。今天你还是一个地方的明星，明天你就只是数千强者中微不足道的一个。不管新学员的社会经历，不管是什么背景的学员，即便是总统的儿子、陆军部长的儿子，只要一进西点就一律平等，就得一样进'兽营'，一样训练，一样学习，吃穿住行完全一致，任何特权都必须放弃。新学员都将被视为如同白纸一样的婴儿，新学员受训刚开始时只有编号而没有名字，没有一切个人的特殊物品，日程安排得满满的，让学员只有时间去执行命令而没时间去思考。走进西点军校每个人都要抛弃曾经的荣誉、家世和背景，所有一切都将从零开始，任何长官的命令你都必须服从，每个人在这里都没有特权可言。"

西点军校告诫每位学员：过去的一切只能代表你现在是一个什么样的人，至于你在 4 年后会如何，那取决你从现在开始的表现。如果说服从是一个组织健康动作的基础，那么"一切从零开始"的心态就是服从的基础。一个人只有明白自己的知识相对于世界来说不过是沧海一粟，将自己贬到最低点，学会服从新的权威与规则，然后才能重塑一个新的自己。

小马大学毕业后到一家广告公司去就职，报到的那一天，他对经理说的第一句话便是要求专业对口，而且要"充分注意到我的特长"。这位在大学美术系因为专业成绩不错而大受青睐的人，很坦率地要求让他到广告设计部门，以为这才能发挥他的优势。可是，公司经理首先让他到业务部门实习，过了试用期后再决定。小马听后觉得不开心，认为这样做难以发挥自己的特长。到了业务部门既不安心工作，又不虚心学习，结果给人留下了"工作态度差，能力欠缺"的印象。

按照常理，分配工作岗位应与职员的特长相符合。但这个特长只是个人所"认可"的，有时候并不是单位所立即需要的，因为每个单位都有个结构完整、最佳组合的问题。个人特长，只有让单位了解，并作为构成整体的一部分时，才能成为人才发展的方向。应该是特长服从需要，而不是需要迁就特长。如果你也碰上了用非所学的情况，或不能发挥自己所谓特长的问题，最好的处理办法就是"舍弃"你的专业，"掩埋"你的特长，把自己归零，重新开始，边学边做。不求一步到位，但求步步到位，并且要有从底层做起的思想准备。正像"万丈高楼平地起"一样，要极有耐心地从砌一块砖、一堵墙做起。一心想快速成为一名"建筑师"是不现实的，只有在砌墙加瓦中才能学到真本领，逐步锻炼自己具备"未来建筑师"的素质。同时，也要有安心工作的良好心态。对眼前的工作有一个正确的态度，并视之为理想岗位的阶梯。学会在日常工作中逐渐发挥自己的能力，让别人真正认识到你是一个有素质的人。

当一个人已经积累了一定的经验，依然要保持一颗归零的心，服从于新的需要并通过不断学习新知识、新技能给自己"充电"。世事难料，沧海桑田，唯一不变的是"物竞天择，适者生存"。但在现代社会中，知识更新和淘汰的速度之快令人难以想象，过去所学的知识、技能难以完全使你胜任目前的工作，所以如果原地踏步，不学习新知识，将很容易被这个社会淘汰出局。

西点军校告诫每一个学员：选择到西点军校来，就选择了服从。西点是一个大熔炉，它要求西点学员在这里重塑一个全新的自我，其目的就是要让每一个学员都能够真正认识自己，从而为日后的成功打下坚实的基础。西点人相信在服从命令的同时，也就具备了解决问题的能力。服从不是盲目地遵从，而是睁大眼睛，审时度势，寻找解决办法。一名忠实的服从者——愉悦地接受命令，从不错过扫除障碍的机会——当然会成为一位出色的管理者。

制度才是根本

西点校友著名工程技术专家乔治·W.戈瑟尔斯说过："在好规则面前，懂得捍卫和遵守，生活中才会享受更多的明媚阳光。"对于一个组织来说合理的制度是根本，组织内的人也必须要有很强的纪律观念，服从于制度，这样一个组织才能真正地良性运行。军队是最典型的依靠严密的制度与严格的纪律运行的高度集中化的组织，西点军校便是其一。从西点毕业的学员都对西点的规章制度印象深刻。他们认为是西点的制度造就了西点，或干脆就认为制度是整个西点体系的核心。规章制度在西点确实举足轻重。

西点军校的第三任校长塞耶被誉为真正的"西点之父"，是他建立了西点的一系列严密的制度，才使得西点逐渐走向辉煌。

塞耶担任校长后进行了一系列的改革，使得西点的规章制度日益完善，规范中透着威严，而且条条框框无所不达，举手投足均有明确的规定，整个军校就在制度中有条不紊地发展。

塞耶首先明确了办学方针和原则，制定了以土木工程技术为主的四年制教育计划，建立了完整的教学体制，首创将学员分为十几人一班的小班教学法，并根据学习成绩评定学员的名次。这样既有利于教官因材施教，也能激发学员奋发上进。他还制定了严格的考试和考核制度。新入学的候补生要进行基本智力考试，具备熟练的读、写、算能力，合格者才能被编入学员团。他还创建了著名的

"荣誉制度"，强调学员纪律养成主要靠自我约束，并建立了严格的过失惩罚制度。此外，他扩建了图书馆，吸引和保留了一批十分优秀的教员。

塞耶的整顿和改革是全面的、成功的，其影响也是深远的。从下面这个案例中我们就可窥一知百。当时的西点，有相当一部分学员来自地位显赫的名门望族。1818 年，塞耶写信给托马斯·平尼克将军，因为他的儿子没有按时返校，西点决定令其退学。平尼克将军解释说，由于天气不好，是他把儿子留下的，而且老校长威斯夫特也答应作为例外处理。但塞耶明白，迎合权势绝对办不好军校，谁的面子也不能给，所以他开除了小平尼克。

按照西点新的标准，塞耶对学员团进行了大胆的清理、整肃。当时有学员 213 人，经严格审查，103 人被开除或勒令退学。他们当中多数人是因为学习不及格而退学，少数则因为行为不轨而被强迫离校。这种大胆的举动招来许多非议。尽管辱骂声四起，但塞耶仍不为所动。他在给陆军部长的报告中详细介绍了被退学或开除学员的情况，认为这不是对"军校和国家公共社会"的浪费，而是一种必要的行为。

1829 年从纽约入学的学员诺里斯多次不服从西点军校的命令。他的家庭对当时杰克逊竞选总统具有举足轻重的作用，他因此成了特殊的学员。一天晚上吹熄灯号后，诺里斯偷偷跑到教练场，在正中竖起了"山胡桃木"。这里有个典故要补充说明一下：1815 年战争期间，安德鲁·杰克逊率军在新奥尔良大败英军，为美国争得了荣誉，并最终迫使英国人坐下来谈判，签订了合约。杰克逊因此声名鹊起，并被人们戏称为坚硬的"老山胡桃木"。

第二天早上吹起床号后，全校人员大吃一惊，诺里斯对此扬扬自得。塞耶为维护学校的纪律，对他进行了严厉批评。但同时一个小报告也立即到了总统手中，说塞耶打击无辜。总统大发雷霆，宣布诺里斯在西点军校有绝对的行动自由。这显然更加背离了军校的纪律，是塞耶绝对不能容忍的。

塞耶和学员队司令希契科克对西点军校纪律的松弛心急如焚。希契科克决定找总统反映情况，塞耶批准他前往纽约。于是，出现了如下一幕：

1832年11月24日，总统白宫书房。"西尔韦纳斯·塞耶，是个暴君，所有的独裁者没有一个能超过他！"杰克逊总统咆哮道。"总统先生，在这个问题上，您了解的情况是错误的，您不了解实情。"希契科克大声反驳。"不，他是独裁者！"杰克逊已经气得脸色发白。

但后来，杰克逊总统还是派人调查了西点军校，了解其规章制度的内容及执行情况。结果，调查者报告说，西点军校的规章制度很好，没有改变的必要，而诺里斯也很快被开除了。

西点纪律的严格人所共知，而且花样甚多，令人敬而远之。轻微的违纪只做记录，不付诸具体处罚措施，但累积到一定程度便要处罚。对高年级学员来说，一个月中如被记过9次，就意味着失去享受周末的权利；如被记过超过每月的最高限额——13次，则每超过一次就将受罚，一般至少要扛着步枪不停地在空地上走一个小时。处罚的手段还有禁闭，并分为"普通禁闭"和"特别禁闭"两种。正如小心谨慎的学员们必须遵守的规章制度是没完没了的一样，发布上述处分的特别命令也是没完没了的。警钟长鸣，红灯频闪，每个学员都在紧张的气氛中完成学业。

西点的做法看似苛刻，不近人情，但西点是"金字招牌"，容不得一点污渍。每个西点人都必须以发扬光大西点为己任，如果在校学习期间不能牢记这种观念，以后就会缺乏坚定的理性基础，就很难成为对部属，对军队，乃至对国家负责的军人。正是完整的制度、严明的纪律，成就了西点军校，也为培养众多杰出的人才提供了保障。

没有规矩不成方圆，在日常的社会生活中制度与纪律也是建构组织和社会非常重要的手段。一个企业能够健康地成长、稳定地前进，必须要有优良的制度作为后盾。在制度的大是大非面前，谁也不能例外。对于员工来说，这些制度可能是些大原则，也可能是事关迟到、早退、上班干私活等具体规定，但无论是哪一种，我们都应该视若圭臬，严格遵守，共同维护与完善企业的规章制度。一个有原则、守纪律的员工必定是个让人放心、受人尊重的人，能够自觉地维护企业的利益。这样的员工能够跟随企业一起成长，永远受人青睐。

人是社会动物，我们的生活被不同的组织所规范，因此我们应该严格遵守规章制度。对于一个企业来说，唯有先进的制度、严明的纪律才能保证企业顺利地发展。

远大公司总裁张跃说："伟大的公司要面临很多挑战，那些基础的质量、技术的挑战，我都觉得不大，价值观的挑战是最大的。在中国要做公司，要做一个真正百分之百符合常人道德观的公司很不容易，但是我们一直在坚持这样做，并且会永远地坚持下去。"最终，远大公司选择了靠完善制度来落实自己的价值观，靠纪律约束全体员工。远大设立了制度统筹委员会，统一文件制度的审计和管理，制定出的正式制度文本有 300 多份，1900 多条，共 70 万字。

对于优秀的企业来说，没有比制度更重要的东西，也没有比挑战企业的制度更让人愤怒的事情。身为企业的一员，我们必须牢牢树立这样的观念：制度是企业的生命之本，绝对疏忽不得。我们绝不能以身试法，否则只能搬起石头砸自己的脚，自食恶果。

2005 年，张小风一毕业就顺利进入一家外企在武汉设立的办事处，不菲的薪水，较大的发展空间，令很多同学羡慕不已。公司不大，人尽其才，张小风渐渐成长为一个合格的销售助理，辅助销售人员做一些货运、文档方面的工作，可以独当一面。

然而，张小风也渐渐骄傲起来，对销售人员，乃至部门经理安排的事情，要么就是有选择性地做，要么就是忘在脑后，态度甚至有点傲慢。好在张小凤是公司里唯一的女性，她长得也漂亮，有时跟同事产生矛盾，只要不关原则，总经理总是以"男士要有绅士风度，不要跟女孩子计较"为由，让男同事礼让张小凤几分。

有一次，张小凤和4个同事一起去参加北京的展会，开展当天，由张小凤负责的好几个文档都遗留在家忘记拿，虽说事后有在武汉的同事的邮件补救，但也对工作小有耽搁，几个同事因不满说了她几句，回武汉后，张小凤竟赌气递上辞呈。总经理为稳定团队，挽留了她，张小凤因赢得"胜利"而得意扬扬。可没想到此后，递辞呈成了张小凤的撒手铜，一有不如意就赌气辞职。2006年年底，总经理终于在辞职信上签名准许，竟然弄假成真，张小凤叫苦不迭。

张小凤被辞退，是罪有应得，因为她把企业的制度视若尘土、把纪律看成儿戏。一个不尊重企业制度、不遵守企业纪律的人，根本不可能是一个有团队精神、对企业负责的好员工。巴顿将军说："纪律只有一种，就是完善的纪律。假如你不执行、不维护纪律，你就是潜在的杀人犯。"诚然，目无制度、不守纪律者的言行不仅会害了企业，还会给他人、给社会带来严重的灾难。

2004年，一家商厦发生特大火灾，造成54人死亡、70人受伤，直接经济损失400余万元。然而，这么一起严重的事故，竟然是因为一个小小的烟头：一位员工到仓库内放包装箱时，不慎将吸剩下的烟头掉落在地上，随意踩了两脚，在没有确认烟头是否被踩灭的情况下匆匆离开了仓库。烟头将仓库内的物品引燃。恰恰这时，这家商厦保卫科工作人员违反单位规章制度，擅自离开值班室，未在消防监控室监控，没能及时发现起火并报警，延误了抢险时机。

在我们的生活中，很多像上述故事中乱扔烟头的员工及保卫科工作人员一样，觉得偶尔违反一下制度不是什么大不了的事。但恰恰是这些漫不经心、目无制度的行为给企业和社会埋下了安全的隐患，像一颗不定时炸弹一样，随时可能爆炸，害人害己！对此，所有的人都应该有高度的警醒。

一家企业的竞争力来源于生产过程中的点点滴滴，一名员工的价值体现在劳动的每个细节中，唯有制度与纪律是检验这一切的试金石。一个有原则、守法纪的企业必定是个重视产品质量的单位，一名制度常存心中、严格遵守纪律的员工必定是对企业负责、对社会负责的人。这样的企业与员工总是让人放心，让人感动。

一家企业的人力资源总监被某企业的员工遵守纪律的行为所感动，记录下了那次经历："集团每年都要拿出一部分预算，从社会上的培训公司订购一些有影响力的课程。在一次培训招标中，一家外国培训公司给我留下了深刻的印象。当时正是夏天，中午气温达到32℃，而这家公司的几个代表都着白衬衫、领带和深色西装。虽然他们已是大汗淋漓，但没有像其他公司的代表那样脱掉外套。调试电脑时，他们发现手提电脑的电源线太短，够不到墙上的电源插座。于是有人拿出了一个接线板接好电源。之后，其中的一个美国人又从书包里拿出了一卷胶带。我们当时一头雾水，不知道胶带是干什么用的。只见这个身材很胖的美国人吃力地蹲下来，用胶带把电源线一点一点粘在地板上。原来，他是怕从这里经过的人被电源线绊倒。离开的时候，这家公司的每个人都自觉地把自己使用过的一次性水杯带出会场，丢在垃圾箱里。"

这家外国培训公司的员工做了公司规定自己要做的事，对公司负了应负的责任。而他们遵守纪律的行动体现出来的公司对客户的责任心深深地打动了其所服务的企业。只有这样的公司才可能对客户、对社会负责。

商海中有大风大浪，制度与纪律就像巨大的船锚一样，能够让企业稳如泰山，化险为夷。身为企业的一员，我们更要把企业的制度化为自己的制度，把纪律视为自己的纪律，相信制度的边缘便是崩溃，纪律的外面便是悬崖，永远不要出轨。唯有如此，我们才能共同把企业办得更好，在成就企业的同时也成就自己。

纪律就是圣旨

纪律至高无上。世界上没有任何事情是绝对的，自由也是。没有纪律的约束，自由就会泛滥成为堕落。一个组织的运转必须要有严格的纪律作为保障，否则人人各自为政，一盘散沙，最后只能导致组织的瓦解。我们不要把纪律视为洪水猛兽，它并不那么恐怖。英国克莱尔公司在新员工培训中，总是先介绍本公司的纪律。首席培训师总是这样说："纪律就是高压线，它高高地悬在那里，只要你稍微注意一下，或者不是故意去碰它的话，你就是一个遵守纪律的人。"

"工欲善其事，必先利其器"，一个组织只有先构建有纪律的、团结有力的、无坚不摧的团队，才能保证任务的最终完成。团队中每个成员必须有无比坚强的信念，用严明的纪律来约束自己。

西点军校向来以制度完善、纪律严明著称，每一位新学员进入西点第一个需要明确的校规就是严格遵守纪律、坚决服从上级的命令。西点人认为自觉自律是意志成熟的标志。

西点一位毕业生讲述了在西点军校的亲身经历：西点军校制定了严格的规章制度。从学员的选拔、录取、淘汰到学员的日常生活、行为准则、服装与仪表、营房与宿舍、人身与财产安全、假期、教学程序、待遇与特殊待遇等都做了详尽明确的规定。这些规章制度像是高悬的达摩之剑，准备随时刺向违规者，对于学员的行为有着很强的约束力。

"我们要做的是让纪律看守西点，而不是教官时刻监视学员。"这是西点人的宣言。西点军校认为：纪律使士兵成为自由国度战争时可以信赖的对象，一支有纪律的队伍才是最优秀的。

巴顿将军认为："纪律是保持部队战斗力的重要因素，也是士兵们发挥最大潜力的关键。所以，纪律应该是根深蒂固的，它甚至比战斗的激烈程度和死亡的可怕性质还要强烈。"他要求部队必须有铁一般的纪律，不能有一丝含糊，他认为遵守纪律是一个军人的基本素质。

纪律应该是人们心中的一种自觉的道德认识，而不仅仅是出于对惩罚的恐惧的无奈选择。对于一个纪律严明的团队来说，从最开始成员出于不受惩罚而遵守纪律，到把纪律变成个人目标，把原本强制的行为变成一种自然的行为，这时，纪律就成为一种风气，这个团队的精神面貌也会变得昂扬向上。

西点认为，年轻人血气方刚，很容易意气用事，结果毁掉了自己的前程，而通过纪律锻炼可以迫使一个人学会在艰苦的环境下怎样工作和生活。我们应该认识到纪律不是枷锁，严谨的态度和优良的作风来源于对纪律的严格遵守。一个不遵守纪律的人，一定是一个没有自制力的人，而自制力的缺乏正是导致失败的罪魁祸首。纪律的终极目的就是达到这种自制力。在任何情况下，要能稳住自己，就必须使你身上的情绪和自制力达到平稳。长期在纪律的严格要求下行事，你才会具有自制精神。而这种自制精神，是做任何事情都不能缺少的。

遵守纪律同时也是一种责任精神的体现。

在海上，船队的纪律是极其严明的，有时甚至是残酷的。正是由于这种严明的纪律，才造就了一支又一支优良的船队，成为船队战无不胜的强有力保证。自觉遵守纪律是船队上所有成员的优良品质。自觉遵守纪律之所以这样重要，是因为这是一个优秀士兵所必须具备的素质，也是他们本身所具有的执行能力的保证。在他们心里，纪律是至高无上的。

遵守纪律关键不仅是要有责任心和自制力，更重要的是能够认同组织的价值观，并且实践组织的目标，也就是说要对组织有了解。只有在共同价值观的引导下，纪律才不会引起心中的怨恨。为了共同的目标而遵守纪律，组织成员间的关系将会更加融洽。请记住塞尼加的话："只有服从纪律的人，才能执行纪律。"

有必胜的信念才有胜利的结果

　　西点毕业生著名作家爱伦坡说过："强烈的成功欲望会使一个人忘记一切痛苦，迎来成功的一天。"信念，是一种内心的力量，它牵引着你不停地往某一个方向前进，支撑着你把 0.1% 的希望变成 100% 的现实。

　　信念，就是在绝望的黑暗中相信那仅存的 0.1% 的光亮。在电影《肖申克的救赎》里为我们讲述了这样一个故事。

　　1947 年，银行家安迪被指控枪杀了妻子及其情人，被判无期徒刑，这意味着他将在肖申克监狱中度过余生。

　　然而，在体验了监狱里的黑暗和残暴时，他没有放弃过对自由的向往，因为他知道自己是清白的，他不属于这里。他心中一直都存在一种回归自由的强烈信念！

　　在监狱里，他认识了因谋杀罪被判终身监禁的瑞德，瑞德答应了安迪的要求，帮他弄到了一把岩石锤，让他雕刻石头来消磨监狱里的时光。后来，安迪从一个新囚犯那里得知自己有望洗刷冤屈，于是向典狱长提出要求重新审理此案，却没想到典狱长为阻止安迪获释而不惜设计害死知情人。面对残酷的现实，安迪决定采取行动。原来精通地质的安迪早就发现牢房的墙很容易挖掘，于是借用明星海报的掩饰，整整 20 年，他在每天晚上固定的时间靠那把小小的岩石锤挖出了一条逃生隧道；写了整整 6 年信，为监狱的囚犯们争取到了一座图书馆；利用自己的财务知识，使得典狱长重用自己，并为自己逃生后的生活做了一切安排；将一个不识字的青年培养成为一个合格的学生……以上的一切均在似长不长、似短不短的20年中完成了，就是这种争取自由和幸福的信念支撑着安迪在一个四面高墙、充满黑暗和绝望的恶劣环境中坚持了下来。

最后在一个风雨交加的夜晚，安迪爬过500码的下水道，逃出监狱。获得自由的安迪揭发了典狱长的恶行，并且利用典狱长贪污受贿的钱买了座小岛。

在最易磨灭希望的监狱里，安迪用各种方式提醒自己和身边的人们——这世上还有不用高墙铁栏围起的地方，这是任何人都无法触摸的，是属于自己的心中无刻不在的信念！片中瑞德说了这么一句旁白："有一种鸟儿是永远也关不住的，因为它的每片羽翼上都沾满了自由的光辉！"信念的力量是如此之强，当安迪爬出下水道重获自由的那一刻，就是他重生的那一刻。每个人都是凤凰，但是只有经过命运烈火的煎熬和痛苦的考验，才能浴火重生，并在重生中达到升华。只有心中充满了胜利的希望，才不会被任何世俗偏见、艰难困苦所打倒。

赵小兰，美国劳工部部长，是进入美国总统内阁的华裔第一人。初到美国，生活非常困难，条件简陋，语言不通，没有朋友。面对陌生的土地、陌生的文化，赵小兰总是这样鼓励自己：相信明天会更好。她从未觉得困难不可战胜。

为了家庭和明天，赵小兰的父亲同时打着3份工，承担着重担，奋力地拼搏。在美国的中国移民，尤其是第一代移民，为了下一代过上美好的生活，他们非常努力地工作，付出了常人难以想象的艰辛，这给了赵小兰战胜困难的坚定信念和巨大力量。

美国的华人移民历来难以进入美国主流社会。赵小兰的父母也曾鼓励她向工程科学领域发展，在这方面语言不是大的障碍，华裔有着巨大的发展空间，但她却选择了从政。

赵小兰说，人只要有信念，敢于选择，勇于坚持，就能显示出决心和魄力，就能自己从内心勉励自己克服困难，就一定会"自己有想法"，就"自己知道什么是最重要的"。

几十年来，赵小兰凭着"相信明天会更好"的信念，成就了辉煌的事业。赵小兰经常鼓励新移民："种族歧视当然会有，但重要的是不要让这样的挑战击败你。种族歧视不会将你击败，唯一能击败你的是你自己。"

是的，只要抱着必胜的信念，只要不被自己击败，那还有什么能够击败你呢？也许，每个人都曾有过绝望的感觉。它可能是一种无能为力的彻底挫败，是一种走投无路的困顿无望，是一种从天上掉进悬崖的巨大反差，是一种刻骨铭心的心痛心碎，是一种寒风呼啸中看不到任何光明和温暖的黑色记忆……这种绝望很容易让人破罐子破摔，自暴自弃放任自己的堕落。但是，有成功信念的人是永远不会堕落的，因为他的脚下踩着坚硬的岩石，无法堕落。即使是被扔到了北极，照样能在温暖的花丛中悠然自得地晒太阳。因为他们在北极圈里为自己建了一个开满鲜花的温室，在最绝望的时间、地点保持乐观的信念，从未放弃过对美丽人生的执着追求。

每一个人都是蝴蝶，也许只有经历了暗无天日的绝望时光才能最终破茧而出。心中的强大信念，是陪伴我们度过那些最艰难时光的温暖光亮。

不服输的人才有赢的希望

对于一个人来说，成功的信念和积极的心态比什么都重要。只有这样，你才能在困难中坚持，在坚持中成功。世界上最伟大的人，通常也是失败次数最多的人。面对各种不利，只要有一点点成功的可能，就要永不放弃。

西点人认为："任何事情只要你认为是正确的，事前切勿顾虑过多，最重要的是，拿出勇气全力冲过去。过分谨慎，反而成不了大事。"

纽约华尔街是全世界最著名的金融街，这里流传着这样一句话："华尔街不是女人待的地方。"可以想见，一名女性想在这里立足之艰辛。但是没有任何金融背景的裔锦声不仅在华尔街立足，还书写了一段华尔街的职场传奇。

刚刚在美国读完中文博士的裔锦声，在找工作时看到舒利文公司的招聘广告：要求求职者商学院毕业；至少有3年的金融专业或银行工作经验；能开辟亚洲地区的业务。

显然，裔锦声没有达到要求，尽管如此，她还是很快整理好个人资料寄给舒利文公司。结果当然是石沉大海。但她还是不停地亮剑，每天都给舒利文公司打联系电话，以至于人事部门一听到是她的声音，便想着各种理由婉拒。

最后，她鼓起勇气拨通了舒利文公司总裁的电话。在电话里她坦言："我没有商学院的学位，也没有在金融业的工作经验，但我有文学博士学位。文学就是人学，长期的文学熏陶使我善解人意。在获得博士学位的过程中，我知道怎样发现问题，解决问题。我是一个女性，经受了许多困难和歧视，我不仅没有退缩，反而变得更加坚强。基于我拥有的这些优点，我将成为公司的财富，而且相信公司也一定会为我提供这个机会，这对双方都是有益的事情。我很想到你们公司工作，但打了好多次电话都被拒绝了，请您给我一次机会吧。公司聘用我而我没有干好，最多损失几个月的薪水。如果公司认为在我身上投资有风险，那你们可以先不付我薪水呀。"她噼里啪啦一口气说完了这些话。

半个小时后，舒利文公司通知她去面试，经过整整7次严格的面试后，舒利文公司拒绝了100多名有金融背景的求职者，录用了她这个对金融一无所知的文学博士。结果大出人们的意料。

经过5年的艰苦奋斗，她因业绩突出被破格提升为副总裁，成为该公司创立以来的首位外籍女性高级主管。

后来，裔锦声问舒利文公司总裁为什么最终会聘用她，总裁告诉她，正是她连珠炮似的话，尤其是最后一句话感动了他。"因为你是一个不会向生活妥协的人，而我们公司需要的正是这样的人。专业知识可以学习，但永不言败的性格却不是人人都具有的。你的勇气和信念已经远远超出了求职本身。"

任何事情都不简单，如果一遇到困难和失败就认输了，撤退了，那么哪里还有成功的希望呢？本田创业的过程，可说尝够了失败的滋味，一次次打击接踵而来，换了别人，可能早被击垮了，但本田却从来没有灰心丧气过。

在"好梦"号摩托车诞生之前，本田公司投入新机械的资金已达 4.5 亿日元。一家从家庭式工厂起步的公司如此大胆，至今想起来让人不寒而栗。新机械大量地购入了，占了许多资金，但公司却业务不振，连薪水都发不出，实在狼狈不堪。本田深感肩上担子的沉重，他表情严峻，把希望寄托在自己研制的"好梦"号摩托车上。试车那天，"好梦"号终于上山了，本田和同事们抱在一起又哭又叫。"好梦"号成功了！这是本田公司的第一辆真正的摩托车，由本田和河岛设计。新车设计出来了，但销路不畅，工人大部分时间无所事事，令本田大为悲愤。但他不是那种能被困难吓倒的人，他战胜悲愤的方法，就是亲自参加在代代木公园举行的摩托车赛，以此来宣传自己的产品。

本田将摩托车开得狂驰如飞，遥遥领先，可是在转弯时却被树木绊倒，人被摔出 10 多米远。当人们把他送往医院时，他却狂呼道："放下我，我要赛到底！"

这样险象环生的车祸至少发生过四五次，但本田从来没有被吓倒过。

1954 年，本田公司费了九牛二虎之力，使自己的摩托车得以参加国际比赛，结果被淘汰出局。

本田又用行动战胜了惨败带来的恐惧。7 年以后，本田摩托车终于在罗马大获全胜，囊括了大赛的前 5 名。本田摩托车在一夜之间名声大噪，订货单源源而来，不到 5 年，外销金额突破了 1 亿日元大关。

本田成了媒介宣传的英雄。但他自己却说，他只不过是一个普通人，那种失败的滋味儿并不好受。失败对于每一个人来说都不好受，唯一的区别就是本田即使失败了也以一股不服输的劲头，继续努力。

有个记者访问一位500强的优秀员工："为什么你在事业上经历了如此多的艰难和阻力，却从不放弃呢？"这位500强员工答道："你观察过一个正在凿石的石匠吗？他在石块的同一位置上恐怕已敲过了100次，却毫无动静。但是就在那第101次的时候，石头突然裂成两块。并不是这第101下使石头裂开，而是先前敲的那100下。"

拿破仑·希尔发现，他访问过的成功人士都有个共同的特征，在他们成功之前，都遭遇过非常大的险阻。表面上看来，事情是应该罢手了，放弃算了，殊不知此时仅仅差一步就能到达终点了。

水烧到99度的时候可能还没有开，这时候如果你绝望了，不愿意再等待了，那么就很容易在几秒钟的差距里与成功擦肩而过。在绝望的时候，一定要学会多点耐心，再等待一下，再努力一下。

希拉斯·菲尔德先生想在大西洋的海底铺设一条连接欧洲和美国的电缆。随后，他就开始全身心地推动这项事业。

前期基础性的工作包括建造一条1000英里长、从纽约到纽芬兰圣约翰的电报线路。纽芬兰400英里长的电报线路要从人迹罕至的森林中穿过，所以，要完成这项工作不仅包括建一条电报线路，还包括建同样长的一条公路。此外，还包括穿越布雷顿角全岛共440英里长的线路，再加上铺设跨越圣劳伦斯海峡的电缆，整个工程十分浩大。

菲尔德使尽浑身解数，总算从英国政府那里得到了资助。然而，他的方案在议会上遭到了强烈的反对，在上院仅以一票多数通过。随后，菲尔德的铺设工作就开始了。电缆一头搁在停泊于塞巴斯托波尔港的英国旗舰"阿伽门农"号上，另一头放在美国海军新造的豪华护卫舰"尼亚加拉"号上，不过，就在电缆铺设到 5 英里的时候，它突然被卷到了机器里面，断了。菲尔德不甘心，进行了第二次试验。在这次试验中，铺到 200 英里长的时候，电流突然中断了，船上的人们在甲板上焦急地踱来踱去，好像死神就要降临一样。就在菲尔德先生即将命令割断电缆、放弃这次试验时，电流突然又神奇地出现，一如它神奇地消失一样。夜间，船以每小时 4 英里的速度缓缓航行，电缆的铺设也以每小时 4 英里的速度进行。这时，轮船突然发生了严重倾斜，制动器紧急制动，不巧又割断了电缆。

但菲尔德相信事情一定会有转机。他又订购了 700 英里的电缆，而且聘请了一位专家，请他设计一台更好的机器，以完成这么长的铺设任务。后来，英美两国的发明天才联手才把机器赶制出来。最终，两艘军舰在大西洋上会合了，电缆也接上了头；随后，两艘船继续航行，一艘驶向爱尔兰，另一艘驶向纽芬兰，结果它们都把电线用完了。两船分开不到 3 英里，电缆又断开了；再次接上后，两船继续航行，到了相隔 8 英里的时候，电流又没有了。电缆第三次接上后，铺了 200 英里，在距离"阿伽门农"号 20 英尺处又断开了，两艘船最后不得不返回爱尔兰海岸。

参与此事的很多人都泄了气，公众舆论也对此流露出怀疑的态度，投资者也对这一项目没有了信心，不愿再投资。这时候，如果不是菲尔德先生坚持，这一项目很可能就此放弃了。菲尔德为此日夜操劳，甚至到了废寝忘食的地步，他决不甘心失败。

于是，又一次尝试开始了，这次总算一切顺利，全部电缆铺设完毕，而没有任何中断，几条消息也通过这条漫长的海底电缆发送了出去，一切似乎就要大功告成了，但突然电流又中断了。

这时候，除了菲尔德和他的一两个朋友外，几乎没有人不感到绝望。但菲尔德仍然坚持不懈地努力，他又找到了投资人，开始了新的一次尝试。他们买来了质量更好的电缆，这次执行铺设任务的是"大东方"号，它缓缓驶向大洋，一路把电缆铺设下去。一切都很顺利，但最后在铺设横跨纽芬兰 60 英里电缆线路时，电缆突然又折断了，掉入了海底。他们打捞了几次，但都没有成功。于是，这项工作就耽搁了下来，而且一搁就是一年。

好一个菲尔德，这一切困难都没有吓倒他。他又组建了一个新的公司，继续从事这项工作，而且制造出了一种性能远优于普通电缆的新型电缆。1866 年 7 月 13 日，新一次试验开始了，并顺利接通，发出了第一份横跨大西洋的电报！电报内容是："7 月 27 日。我们晚上 9 点到达目的地，一切顺利，感谢上帝！电缆都铺好了，运行完全正常。希拉斯·菲尔德。"不久以后，原先那条落入海底的电缆被打捞上来了，重新接上，一直连到纽芬兰。

　　人生从来就没有真正的绝境，不服输的人才有希望。如果你始终在绝望的边缘徘徊，请别放弃，再为自己加一加油，也许就是这最后的临门一脚为你创造了奇迹。

投降的永远不是我

西点军校的学员都明白一个道理：第一永远只有一个，在追求胜利和第一的同时，只有依靠自身强大的意志力破除一个又一个障碍，才能最终取得成功。西点军校的教官时常告诫学员：作为一名军人，荣誉高于一切，军人只有战死沙场，没有苟且偷生，军人的字典里没有"投降"一词。

在第二次世界大战后期，战争进入了一种微妙的局面，每一步的行动都必须小心谨慎，否则可能造成无法挽回的局面。1944年，时任盟军最高统帅的艾森豪威尔将军指挥的盟军正准备横渡英吉利海峡，在法国诺曼底登陆，开始进行全面反攻。这次的登陆事关重大，英国和美国合作无间，为这场战斗投入了巨大的人力物力。然而天公不作美，就在一切准备就绪、蓄势待发的时候，英吉利海峡却突然风云变色、巨浪翻天，数千艘船舰只好退回海湾，等待海上恢复平静。这么一等，足足等了4天，天空像是被闪电劈开了一道裂缝，倾盆大雨连绵不绝，数10万名军人就这样被困在岸上，进退两难，每日所消耗的经费、物资更是天文数字。

艾森豪威尔正在苦思对策之时，气象专家送来最新的报告，资料中显示天气即将出现好转，狂风暴雨将在3个小时之后停止。艾森豪威尔立即明白这是千载难逢的好机会，可以攻敌人于不备。但正所谓福祸相倚，太平之下也潜藏着危机，万一气候不是预期中这么快好转，很可能会导致全军覆没。艾森豪威尔经过慎重的考虑之后，他斩钉截铁地向陆、海、空三军下达了横渡英吉利海峡的命令。倾盆大雨果然在 3 个小时后停止了，海面上一片风平浪静，盟军顺利地登上诺曼底，掌握了这场战争取得胜利的关键。

事后艾森豪威尔接受记者采访时谈到当时的情境，他说："对阵的双方必须有一个人投降，但投降的绝不是我。"

"绝不投降"是一种精神。很多时候，我们面对的并不是你死我活的敌人，而是我们自己的妥协。对于我们心中萌生出的妥协之意，我们的选择是绝不投降。如果你对困难投降，妥协就占据了上风，最终的胜利将离你远去。不认输、不放弃是一种强烈的获胜信念，它是一种巨大的动力，它可以推动你去做别人认为不可能成功的事情。生命是一艘巨轮，只要我们的信念不沉没，我们的船就永远不会沉没。

人生中充满了困难与逆境。很多人明白只有战胜困难才能走向成功，而他们也真的能做到这一点。但困难并不是只有一次降临到你的头上，面对无穷无尽的命运的折磨，你将如何选择？你要靠什么来支撑你一路走向终点？答案只有一个——强大的意志力。意志力让你决不向敌人投降，意志力让阻碍你的一切跪倒在你的面前。

不经历风雨，怎能见彩虹！人要是没有遇到失败，就不会发现自己真正的才干。人们若不遇到对他们生命本质的打击，就不知道怎样焕发自己内部贮藏的力量。要测验一个人的品格，最好是看他失败以后怎样行动。失败是一块试金石，失败以后，能否激发他更多的计谋与新的智慧？能否激发他潜在的力量？是增加了他的决断力，还是使他心灰意冷？

"绝不投降"，"跌倒了再站起来，在失败中求胜利"。这是历代伟人的成功秘诀。只有敢于与失败抗争，才有可能锻造非凡的意志力，才有可能打通成功的隧道，使得个人成功，使得军队胜利。跌倒不算失败，跌倒了站不起来，才是失败。有人问一个孩子，他是怎样学会溜冰的？那孩子回答道："哦，跌倒了爬起来，爬起来再跌倒，就学会了。"

也许过去的一切，对某些人来说是一部极痛苦、极失望的伤心史。他们在回想过去时，总会觉得自己碌碌无为，一事无成。他们竟然在衷心希望成功的事情上失败了；他们所至亲至爱的亲属朋友，竟然离他而去；他们曾经失掉了职位，或是营业失败，或是因为种种原因而不能使自己的家庭得以维系。在这些人看来，自己就是一个十足的失败者，自己的前途似乎十分惨淡。然而即便有上述的种种失败与不幸，只要你不甘永远屈服，则胜利就在前方，就在向你招手。

失败是人格的试验，在一个人除了自己的生命以外，一切都已丧失的情况下，就能清楚地知道他内在的力量到底还有多少。没有勇气继续奋斗的人、自认失败的人，他所有的能力便会全部消失；而只有那些毫无畏惧、勇往直前、永不放弃人生责任的人，才会在自己的生命里有伟大的进展。有人认为，试了这么多次都以失败告终，再试也是徒劳无益，这种想法是自暴自弃！对意志永不屈服的人而言，是不存在失败的。无论成功多么遥远，无论失败多少次，最后的胜利仍然在他的期待之中。

狄更斯在他小说里讲到一个守财奴斯克鲁奇，他最初是个爱财如命、一毛不拔、残酷无情的家伙，他甚至把所有的精神都钻在钱眼里。可是到了晚年，他竟然变成一个慷慨的慈善家、一个宽宏大量的人、一个真诚爱人的人。狄更斯的这部小说并非完全虚构，世界上也真有这样的人存在。人的本性都可以由恶劣变为善良，人的事业又何尝不能由失败变为成功呢？现实生活中这样的例子也不少，许多人失败了再起来，凭着不屈不挠的意志力，向前奋进，最终竟然获得了成功。

世界上有无数人，即使丧失了他们所拥有的一切东西，也还不能把他们叫作失败者，因为他们仍然有一个不可屈服的意志，有着一种坚忍不拔的精神，而这些足以使他们从失败中崛起，走向更伟大的成功。世间真正伟大的人，对于所谓的是非成败并不介意，他们能够做到"不以物喜，不以己悲"。这种人无论面对多么大的失败，绝不失去镇静，这样的人终能获得最后的胜利。在狂风暴雨的袭击下，心灵脆弱的人们唯有束手待毙，但这些人的自信、镇静，却依然存在，这种精神使得他们能够克服外在的一切境遇，而得以成功。

温特·菲力说："失败，是走上更高地位的开始。"许多人之所以获得最后的胜利，都说受恩于他们的屡败屡战。对于没有遇见过大失败的人，有时反而让他不知道什么是大胜利。

"战胜失败，决不投降"是成功者应有的精神，但在用意志对抗困难时同样需要智慧。要想真正战胜失败，关键是要从失败中吸取教训，下次不再犯同样的错误，只有愚蠢到不可救药的人才会在同一个地方被同一块石头绊倒两次，这样的人也完全不会从失败中把握未来，实现命运的转折。要想战胜失败，首先必须找出失败的原因。

（1）糊里糊涂，没有明确的生活目标；

（2）爱管他人闲事；没有一定的教育程度；缺乏自律自立，显现出不控制饮食和对机会漠不关心的倾向；

（3）缺乏雄心壮志；

（4）因颓废思想和不良饮食习惯造成的疾病；

（5）儿时的不良影响；

（6）缺乏贯彻始终的意志力；

（7）缺乏控制情绪的能力；

（8）有不劳而获的念头；

（9）当所有必需条件都具备时，仍然无法果敢地做决定；

（10）心中怀有以下 7 项基本恐惧中的任何一项或几项：贫穷、

批评、疾病、失去爱、年老、失去自由和死亡；

（11）选择了不适当的配偶；

（12）太过谨慎或不够谨慎；

（13）选到不合自己兴趣与能力的职业；

（14）不珍惜光阴和金钱；

（15）措辞不慎；

（16）缺乏忍耐力；

（17）无法以和谐的精神与他人合作；

（18）不忠诚；

（19）缺乏洞察力和想象力；

（20）自私而且自负；

（21）报复欲强；

（22）不愿多付出一点点。

心理学家总结出了这些失败的一些主要原因，看看你自己是否占据了其中的某些条呢？当然，你必须了解，失败的原因并不止这些，而且导致一个人失败的原因，通常不止一种。

奥里森·马登年轻的时候，曾经在芝加哥创办了一份成功学的杂志，当时他没有足够的资本创办这份杂志，所以他就和印刷工厂建立了合伙关系。后来事实证明这是一份成功的杂志。然而，他却没有注意到，他的杂志对其他出版商造成了威胁。而且在他不知情的情况下，一家出版商买走了他合伙人的股份，并接收了这份杂志。当时他是以一种感到非常耻辱的心态，离开了他那份以爱为出发点的工作。

上面所列的22项失败原因中，有好几项都是造成马登失败的原因。其中，最大的原因在于，他忽略了以和谐的精神与他的合伙人合作（第17项），他常因为一些出版方面的小事而和他争吵，当机会出现在他面前时，他并没有掌握住它（第2项）。他应该对自己的自私和自负负起责任。而他在业务上不够谨慎（第12项），以及说话语气太强烈（第 15 项），也都是造成他失败的原因。但是，马登却能够从这次的失败中，找到原因，并从中吸取教训。

他离开芝加哥前往纽约，在这里他又创办了一份杂志。为了达到完全控制业务的目的，他必须激励其他只出资但没有实权的合伙人共同努力。他同样必须谨慎地拟定他的营业计划，因为现在他只能依赖他自己的资源了。短短的一年时间，这份杂志的发行量就比以前那份杂志多了两倍多。其中一项主要获利来源，是他所想出来的一系列函授课程，而这一系列的函授课程，就成了成功学的第一笔编纂资料。当马登被挤出芝加哥的事业时，曾经一度彷徨。他可以从此放弃创办杂志并接受他太太的主意，安稳地从事律师工作。但是，他在失败中找到了原因与教训，并且就在失败的地方勇敢地再次站了起来，实现了他人生最大的梦想。

失败显露出坏的习惯，改正它，就可以从好习惯重新出发。失败驱除了傲慢自大，并以谦恭取而代之，而谦恭可使你得到更和谐的人际关系。失败使你重新检讨你在身心方面的资产和能力。最重要的是，失败借着使你接受更大挑战的机会，增强你的意志力。看来失败也是一种收获，因为你可以从失败中学到很多。

举杠铃的人都知道，光将杠铃举起来是没有用的，练习者必须在举起杠铃之后，以比举起时慢两倍的速度，将杠铃放回举起前的位置，这种训练称为"阻抗训练"，这所需要的力量的控制力，比举起杠铃时还要多。利用此方法，可使自己在经历失败后，能有长足的进步。失败就是你的阻抗训练，当你再度回到原点时，不要主动将自己拉回原点，而应将注意力集中到拉回原点的过程上。从上述可知，每当你失败一次，离成大事者就近了一步，在成大事者与失败者的互换推动与转化中，你的人生将日益成熟与完美。

百折不断才是利剑

西点校友著名企业家威廉·B.富兰克林说过："努力不懈，是奔向梦想和目标的唯一坦途。"

一位年轻人去拜见一位智者寻求成功之法。"大师，我如何才能取得成功呢？"年轻人问。智者笑了一笑，并没有直接回答年轻人的问题，而是递给年轻人一颗花生，问道："它有什么特点？"年轻人愕然。"用力捏捏它。"智者说。年轻人用力一捏，花生壳碎裂，但留下的花生仁完好无损。"再搓搓它。"智者说。年轻人照着他的话做，花生红色的种皮也被搓掉，只留下白白的果实。"再用手捏它。"智者说。年轻人用力捏着，但是他的手无法再将花生仁破坏。"用手搓搓看。"智者说。然而年轻人再也无法破坏这颗小小的花生仁。"成功的秘密很简单：屡遭挫折，却有一颗百折不挠的心。"智者如是说。

一把上好的宝剑总是在炉火与冷水中经过千锤百炼方能铸就，百折而不断方为剑中上品。其实铸剑与做人相似，如果你要想成为一个"完人"，那么就必须在冷热夹攻中站立不倒，并不断除去身上的杂质，最后不仅内在变得纯粹，整个身体也变得坚忍异常，这时你方能被称为一口"好剑"。

西点毕业生天才画家詹姆斯·A.M.惠斯勒说过："信心与意志是一种心理状态，是一种可以用自我暗示诱导和修炼出来的积极的心理状态。"军人都有着英雄情结，在西点军校中，那些不断冲破困难和阻力、经受重大挫折和打击却坚持到底的人，会得到全体西点人的敬佩甚至崇拜。西点教育学员——唯有坚强的意志是成功路上最不可替代的品质。

一块铁之所以能最终成为利剑，关键就在于它能挺过高温与寒冷的折磨，凭借"意志"坚持下来。其实对于一个人来说，在生命旅程中，有一次坚持到底就算是成功。一个人一直坚持到最后实在是比较困难的。世界上成功者微乎其微，平庸者多如牛毛就是最好的说明。成功的秘诀就是如此简单。

坚持到底是一种态度，它需要一种品格来支撑，那就是忍耐。没有顽强忍耐的品格，任何人都是脆弱的，都经不起挫折和磨难的考验，也不可能实现自己的人生规划。坚定的意志和强烈的成功欲望永远是成功的不二法则。虽屡遭挫折，却有一颗坚强的百折不挠的心——这就是成功的秘诀。

没有一次成功是一劳永逸地完成的，成功是一种每天重复不断的行动，要一天又一天地坚持，不然就会消失。正所谓是："千淘万漉虽辛苦，吹尽狂沙始到金。"

张德培是网球历史上最年轻的男子单打世界冠军。当年，这个不满 20 岁的黄皮肤小伙子在巴黎成为法国网球公开赛男单冠军的时候，整个球场为之沸腾了，他也成为第一个在这里获得冠军的华裔选手。在其后 16 年的网球生涯里，他一共赢得 34 个冠军和近 2000 万美元的奖金，并在 1996 年年终的 ATP 男单总排名榜上名列第二位。其实，张德培的身体条件并不适合网球运动。他 1.75 米的个头，即便放到女选手中也只算是中等身材，再加上亚洲人先天性的力量不足，使他在高手如林的男子网坛显得十分单薄。体格的缺陷迫使他必须要用速度和坚忍弥补弱势，这没有捷径，只能依靠超过常人的刻苦训练。于是日复一日，年复一年，人们看到这名黄皮肤的小伙子从来不给自己放假。当桑普拉斯躺在希腊海滩上晒太阳时，当阿加西赴拉斯维加斯观看拳击比赛时，张德培都是在球场上训练。训练的过程是极其艰辛的，但他坚持了下来！在此后的十余年里，张德培凭借灵活的步法和不懈的跑动，运用娴熟的底线技术与对手周旋，一有机会就击出大角度的回球置对手于死地，在男子网坛杀出了一片属于自己的天地。

很多人都渴望成功，而成功的不二法门就是不断努力。如果希望一劳永逸，浅尝辄止，则很可能一事无成。看似紧锣密鼓的工作挑战、永不停歇的环境压力，就在不知不觉间培养了今日的诸多能力。人的潜力无穷，能否最大限度地挖掘这些潜能，关键在于是否善于强迫自己、经营自己。

希望取得成功，必须加倍努力。只有不懈努力，才会有丰厚的收获。

没有挫折，任何成功都是不堪一击的！从挫折中汲取教训，是迈向成大事者的踏脚石。当我们观察成大事者时，会发现他们的背景各不相同。那些大公司的经理、政府的高级官员以及每一行业的知名人士都可能来自于清寒家庭、破碎家庭、偏僻的乡村甚至于贫民窟。这些人现在都是社会上的领导人物，他们都经历过艰难困苦的阶段。

"平凡"与"伟大"其实只有一线之隔，它们之间的分水岭就是面对挫折时的反应不同。如果一个人在跌倒后就无法再爬起来，并且只会躺在地上骂个没完，那么他是失败的；如果一个人在跌倒后起身跪在地上，准备伺机逃跑，以免再次受到打击，那么他仅可能是一个"平凡"人；如果一个人在跌倒后立即反弹起来，同时汲取这个宝贵的经验，立即往前冲刺，那么他终将成就"伟大"。

有一个非常有名的管理顾问，他办公室内的各种豪华的摆饰、考究的地毯、忙进忙出的人潮以及知名的顾客名单都在告诉你，他的公司的确成就非凡。但是，就是这样一家鼎鼎有名的公司的背后，也藏着无数的辛酸血泪：这位管理顾问在创业之初的头6个月就把自己10年的积蓄用得一干二净，并且一连几个月都以办公室为家，因为他付不起房租。他也婉拒过无数的好工作，因为他坚持实现自己的理想。他也被拒绝过上百次，拒绝他的和欢迎他的顾客几乎一样多。就在这整整7年的艰苦挣扎中，谁也没有听他说过一句怨言，他反而说："我还在学习啊。这是一种无形的、捉摸不定的生意，竞争很激烈，实在不好做。但不管怎样，我还是要继续学下去。"他真的做到了，而且做得轰轰烈烈。有一次朋友问他："那些挫折把你折磨得疲惫不堪了吧？"他却说："没有啊！我并不觉得那很辛苦，反而觉得那是受用无穷的经验。"

看看"美国名人榜"的生平就知道，那些功业彪炳史册的名人，都受过一连串的无情打击。只是因为他们都坚持到底、百折不挠，才终于获得了辉煌成果。天下哪有不劳而获的事？如果能利用种种挫折与失败来驱使自己更上一层楼，那么将来一定可以实现你的理想。

很多人之所以在老年时回首往事感慨人生之不如意，大多因为他在经历几次挫折后便宣布放弃。如果林肯在以前的竞选失利后便折断自己的精神，那么，他能获得成功吗？他能成为美国总统吗？不能。

我们都可以化失败为胜利。从挫折中汲取教训，好好利用，这样就可以对失败泰然处之。千万不要把失败的责任推给你的命运，要仔细研究失败的实例。如果你失败了，那么继续学习吧！这可能是你的修养或火候还不够好的缘故。世界上有无数人，一辈子浑浑噩噩、碌碌无为，他们对自己一直平庸的解释不外是"运气不好""命运坎坷""好运未到"，这些人仍然像小孩那样幼稚与不成熟。他们只想得到别人的同情，简直没有一点主见。由于他们一直想不通这一点，所以一直找不到使他们变得更伟大、更坚强的机会。马上停止诅咒命运吧！因为诅咒命运的人永远得不到他想要的任何东西。

我们可以比较一下"失败"与"暂时挫折"之间的差别：且让我们看看，那种经常被视为是"失败"的事，是否在实际上只不过是"暂时性的挫折"而已。还有，这种"暂时性的挫折"在实际上是不是就是一种幸福？因为它会使我们振作起来，调整我们努力的方向，使我们向着不同，但更美好的方向前进。

"挫折"是大自然的计划，它经由这些"挫折"来考验人类，使他们能够获得充分的准备，以便进行他们的工作；"挫折"是大自然对人类的严格考验，它借此烧掉人们心中的残渣，使人类这块"金属"因此而变得纯净，并可以经得起严格的使用。每个人都会遇到困难、挫折，但挫折不等于失败，只有放弃才会失败。只要把从挫折中获得的教训善加利用，就会走向成功。

百折不断才终成利剑，跌倒了再爬起来，你的力量也在一次次跌倒和爬起的过程中不断增长。顽强忍耐者，定能走过大风大浪，最终成就大事。一个人最终是否成功不在于是否具有聪慧的头脑和超人的才华，而在于有没有坚持到底的意志力。遇到困难不退缩，遇挫跌倒再起身，利剑百炼方乃成。

世界从来都给无畏的人让路

西点军校有一句名言："合理的要求是训练，不合理的要求是磨炼。"无论是怎么严苛的训练，在西点人眼里都是"勇敢者的游戏"，只有凭借勇气才能克服这些考验。

在培养勇气方面，西点有它独特的方法。教官知道学员有一种理性克服恐惧的方法，他会故意加重学员的焦虑。没有恐惧，勇气是培养不出来的。如果你不能忍受而选择逃避或是放弃，你就是一个逃兵，一个胆小鬼，你必须选择离开。因为西点需要勇者和荣誉，不需要逃兵，世界从来都给无畏的人让路。

1941 年冬，身穿单薄夏装、顶着刺骨寒风的独立团一营，以破釜沉舟的决死精神面对强敌，以一营之兵力率先向关东军两个中队发起攻击，进行了一场惨烈的白刃战。这场战斗，独立团一营几乎全军覆没，其惨烈程度可谓"惊天地，泣鬼神"。

在这场战斗之前，赵刚问李云龙："万一情报不准，如果鬼子不是一个押车小队，而是一个中队或一个大队作战部队，你怎么办？"

李云龙道："古代剑客和高手狭路相逢，假定这个对手是天下第一剑客，你明知不敌该怎么办？是转身逃走还是求饶？"

"当然不能退缩，要不你凭什么当剑客？"

"这就对了，明知是个死，也要宝剑出鞘，这叫亮剑，没这个勇气你就别当剑客。倒在对手剑下算不上丢脸，那叫虽败犹荣，要是不敢亮剑你以后就别在江湖里混啦。咱独立团不当孬种，鬼子来一个小队咱亮剑，来一个大队也照样亮剑。"

"明知是个死，也要宝剑出鞘"，正是这样的亮剑精神，独立团才屡建奇功，在敌我力量悬殊，外界环境极度不利的情况下，披荆斩棘，开辟出了一条胜利之路；正是有这样的亮剑团体，在艰苦卓绝的抗战中，我们的民族才逾越重重障碍，捍卫了自己的尊严，保卫了自己的国土。

"面对敌手，毅然亮剑"，一个人如果没有这种精神，遇到困难便会止步不前，被内心的恐惧摧毁，这样的人，怎么能在人生中获得让自己满意的成就呢？

约翰是一个世界500强企业里非常平凡的上班族，却在40岁那年做出了一个疯狂的举动，放弃他薪水优厚的办公室工作，并把身上仅有的几美元捐给街角的乞丐，只带了换洗的衣裤，从自己的老家——阳光灿烂的加州出发，靠搭便车与陌生人的好心，穿越美国东西，到达东岸一处叫作"恐怖角"的地方。

他之所以做出这样仓促的决定，完全是因为自己的精神即将崩溃。虽然他有好工作、温柔美丽的妻子、善良可敬的亲友，但他发现自己这辈子从来没有下过什么赌注，平顺的人生从没有高峰或谷底，他觉得自己的前半生在懦弱中虚度了。

他选择北卡罗来纳的"恐怖角"作为最终目的，借以象征他征服生命中所有恐惧的决心。为了检讨自己的懦弱，他很诚实地为自己的"恐惧"开出一张清单：从小时候开始算起，他就怕保姆、怕邮差、怕鸟、怕猫、怕蛇、怕蝙蝠、怕黑暗、怕大海、怕飞、怕城市、怕荒野、怕热闹又怕孤独、怕失败又怕成功、怕精神崩溃……他无所不怕，唯一"英勇"的一次是他当众向妻子表白求婚。

这个懦弱的40岁男人上路前竟还接到母亲的纸条："你一定会在路上被人杀掉。"但他成功了，4000多里路，78顿餐，仰赖82个陌生人的好心。身无分文的他从没接受过别人在金钱上的帮助，在暴风骤雨中睡在潮湿的睡袋里，风餐露宿只是小事，他还曾经碰到精神病患者的骚扰，遇到几个怪异诡秘的家庭，甚至还会时不时觉得有人像杀人狂魔和银行抢劫犯。经历这无数的"恐惧"之后，他终于来到"恐怖角"，接到妻子寄给他的提款卡（他看见那个包裹时恨不得跳上柜台拥抱邮局职员）。他不是为了证明金钱无用，只是用这种正常人会觉得"无聊"的艰辛旅程来使自己面对所有恐惧。

"恐怖角"到了，但令人意外的是，"恐怖角"并不恐怖，原来"恐怖角"这个名称，是由一位探险家取的，本来叫"Cape Faire"，被讹写为"Cape Fear"，只是一个失误。约翰终于明白："这名字的不当，就像我自己的恐惧一样。我现在明白自己一直害怕做错事，我最大的耻辱不是恐惧死亡，而是恐惧生命。"

地位、声望、财富、鲜花……这些美好的东西都是给富于勇气的人准备的。一个被恐惧控制的人是无法成功的，因为他不敢尝试新事物，不敢争取自己渴望的东西，自然也就与成功无缘。胆怯、逃避是毫无用处的，一个人只有直面恐惧，才能战胜恐惧。

恐惧有时候就像是一道虚掩着的门，实际上你没有必要害怕，那扇门是虚掩着的。很多人都会对"不可能"产生一种恐惧，绝不敢越雷池一步。因为太难，所以畏难；因为畏难，所以根本不敢尝试，不但自己不敢去尝试，认为别人也做不到。事实上并非如此。

1965年，一位韩国学生到剑桥大学主修心理学。他经常到学校的咖啡厅或茶座听一些成功人士聊天。这些成功人士包括诺贝尔奖获得者、学术权威人士和一些创造了经济神话的人，这些人幽默风趣，举重若轻，把自己的成功都看得非常自然和顺理成章。时间长了，他慢慢发现自己被本国内的那些成功人士给欺骗了。那些人为了让正在追求成功的人知难而退，普遍把失败给夸大，把成功的艰辛给夸大了，他们故意用自己成功的经历吓唬那些还没有成功的人。而这种现象虽然在东方甚至在世界各地都是普遍存在的，实际上这种现象在此前从来没有人大胆地提出来并加以研究。

于是，经过 5 年的研究分析，他把《成功并不像你想象的那么难》作为毕业论文，这篇论文交到了现代经济心理学的创始人威尔·布雷登教授手里之后，让这位教授大为惊喜，教授把这篇论文发给他的剑桥校友——当时正坐在韩国政坛第一把交椅上的人——朴正熙，并在信中说："我不敢说这部著作对你有多大的帮助，但我敢肯定它将会比你的任何一个政令都能产生震动。"

在追求成功的道路中，内心的恐惧就会对你说："你绝对办不到。"消除恐惧的办法只有一个，那就是往前冲。假如对某个事物心怀恐惧，更应强迫自己去面对它，以后碰上更难的问题时，你就不会再那么恐惧了。

罗马曾是欧洲最强大的城邦。罗马人征服了地中海北岸的所有国家和南岸的大部分国家，他们同时还占有海中的岛屿和现在属于土耳其的亚细亚部分。那时恺撒已成为罗马的英雄。他率领大军进入高卢，即现在包括法国、比利时和瑞士的欧洲地区，把高卢变成罗马的一个省。他穿过莱茵河，征服了德国的一部分。恺撒的军队甚至还到达了被罗马人视为蛮荒之地的不列颠，并在那里建立起殖民地。

恺撒和他的军队一直对罗马尽忠尽责。但在罗马他有许多敌人，他们害怕他的雄心壮志，忌妒他的丰功伟绩，每当他们听到有人称赞恺撒为英雄，便会气得浑身发抖。

这些人中就包括庞培，他是罗马最富权势的人。像恺撒一样，他也是一个军队的指挥官，但他的军队并没有赢得人们太多的赞誉。庞培知道，如果不采取行动加以制止，恺撒迟早会成为罗马的主人。于是他开始谋划陷害恺撒的计划。再过一年，恺撒在高卢的任期就要结束。大家都认为，届时他将返回意大利并被选为罗马共和国的执政官。那他就会成为罗马最有权力的人。

庞培和恺撒的其他敌人决定阻止这件事。他们说服罗马的元老院发出命令，让恺撒离开高卢的军队立即返回罗马。"如果你不服从这个命令，"元老院称，"就将被视为共和国的敌人。"

恺撒知道那是什么意思。如果他单独返回罗马，敌人就会陷害他。他们会以叛国的罪名审判他，不让他当选执政官。他把效忠自己的士兵们召集起来，把有人试图谋害他的阴谋告诉了他们。那些跟随他经历无数风险、帮助他取得无数胜利的老兵们都宣称不会离开他。他们要同他一起前往罗马，看着他得到应得的奖赏。他们不要军饷，甚至还分担起长途行军的费用。恺撒的军队扬起军旗向意大利进发，士兵们甚至比恺撒更加斗志昂扬。他们为了自己的领袖长途跋涉，不畏艰险。

最后他们来到一条叫作卢比孔的小河。它是高卢省的边界，对岸就是意大利。恺撒在岸边停了一下。他知道越过这条河就等于对庞培和元老院宣战，那将使整个罗马陷入纷争，其结局是无法预料的。"我们还能够回去，"他对自己说道，"我们身后是安全的，一旦越过卢比孔河，我们就不能再回去。我必须在这里做出决定。"

他没有迟疑太久。他发出命令，勇敢地纵马穿过这条浅浅的小河。"我们越过了卢比孔河，"当他到达对岸时大声喊道，"就不会再回头！"

这消息一直传到了罗马：恺撒越过了卢比孔河。一路上，每个城镇和村庄的人们都出来欢迎归来的英雄。离罗马越近，他受到的欢迎就越热烈。最终恺撒和他的军队到达了罗马城门，没有军队出来迎战，恺撒没有遇到丝毫抵抗就开进了罗马城。庞培和他的同伙早已逃走了。

勇敢造就了恺撒，也造就了罗马的辉煌。我们的每一点进步都需要勇气做先导，勇敢，也必将造就未来的你！

勇气对于职场中的每一个人都很重要。其实，在职场和生活当中并不缺少成功的机会，只缺乏不怕挑战，勇于亮剑的员工。在职场中，只有勇敢地亮出你自己，用自己的意志和智慧面对工作中的一切困难和阻碍，你才能一次次战胜怯懦，走向成功。

很多时候，成功就像攀附铁索，失败的原因，不是因为智商的低下，也不是因为力量的薄弱，而是威慑于环境，被周围的声势吓破了胆，或者是被黎明即将来临之前的那段黑暗所吓倒。成功，并不像传说中那么困难。很多时候，并不是因为事情难我们不敢做，而是因为我们被传说中的假想敌给无形压垮了，还没开始做就因为畏惧而后撤了。

有人说，天才不敢走的路，傻子一步就跨过了，大概这就是傻人有傻福的来历吧。相反那些没有把困难完全看清楚的人，更能够勇往直前，也不会觉得成功会有多困难。

平时我们总会或多或少有这样的感觉：似乎每个创业者都会有一大堆苦水，但是当有人问到泡泡网的年轻总裁李想诸如在创业过程中遇到哪些困难，公司发展遇到什么瓶颈等问题的时候，李想都是毫不含糊地回答："没有。"他说，"我没有遇到什么困难，或者，我始终认为困难是应该的，所以就积极地去面对困难，自然也就不是困难了。"在 2003 年的时候，泡泡网经历了人事动荡，当时有一半员工离职，有人说李想完了，泡泡网完了。对此李想认为，我觉得没有什么难和不难的，当时我要做的就是赶快调和，另外就是招新人快速进行培养，我们只用了一周的时间就把这个阶段度过了。回头看这个阶段是由于自己管理经验不足，把自己的观点强加到别人身上造成的。但是如果说危机之类的东西我倒不这么认为，困难克服了也就忘了。现在我们公司的员工离职率非常低，高层没有一个离开的。这位身价上亿的年轻总裁就这样把困难给略读过去了。

很多东西，你越是觉得它难，它越是像三座大山那样把你活活压垮。相反，你不把它放在眼里，也许早已轻舟已过万重山了。

在困境中，更要勇敢出击

勇敢就是在面临危险的时候临危不惧，就是客观评估风险之后的果断行动，就是在困难面前绝不后退，就是在狂风暴雨里始终走在最前面。这是一种积极的态度，是一种敢为天下先的勇气。当胆小者掉头逃跑的时候，勇敢者选择的却是越是危险越向前。

人的一生中不可能一帆风顺，不遇艰难险阻。问题是，有的人在面临困难时，无所畏惧，百折不挠，将困难视为生活中的一种考验，并从中锻炼自己的意志力；而有些人在遇到困难时，首先就会畏惧退缩，并且抱怨，他们把困难当作一种无法逾越的障碍，没有克服困难的意志力。一个不成熟的人随时可以把自己与众不同的地方看成是缺陷，是障碍，然后期望自己能享受特别的待遇。成熟的人则不然，他们先认清自己的不同之处，然后看是要接受它们，还是应加以改进。

美国南北战争时的名将格兰特有"战场上的想象大师"之称，他创造了无数影响后人的经典战役。在维克斯堡战役中，格兰特曾经历了两次失败，但他没有气馁，而是再次进行了精心策划。格兰特在仔细地研究过地图，聆听过大家谈论维克斯堡后，对部下说出了他决定再次攻打维克斯堡的意图。大多数人都反对他再这样做，说他的计划太冒险了。他们说，格兰特的计划会毁掉北方打胜这场战争的全部可能性。但是，格兰特还是出兵来到密西西比河西岸，从维克斯堡城前经过。他让部队在城南的一个地方乘上炮舰，渡过了河。部队在东岸登陆，在司令官的催促下，向内陆突进。为了闪电般地袭击敌军，任何非必需的物品都不准携带。格兰特本人只带了一把梳子和一柄牙刷，没有替换的衣服，没有毯子，甚至没有坐骑。军队从维克斯堡南面向内陆进发。格兰特在城北的活动已经麻痹了南方军，他们不明白他在要塞南面登陆的用意。南方军指挥官慌忙南下，想摧毁格兰特的给养线，却发现根本没有什么给养线。因为格兰特违背了一条基本的作战原则：进攻部队的活动不能脱离掩护得很好的给养基地。他完全不受条条框框的约束，他以这片土地为生，一边前进，一边就地征集他所需要的食物和马匹。这场战役的胜利改变了南北双方力量的对比，是使北方走向胜利的转折点。

莎士比亚说："本来无望的事，大胆尝试，往往能成功。"大胆尝试常常会带给你更多的机会。在困境中，不要把自己当作老鼠，否则肯定会被猫吃掉。

人生充满了各种各样的困境，贫穷就是其中之一。美国总统赫伯特·胡佛是爱荷华一名铁匠的儿子，后来又成了孤儿；IBM的董事长托马斯·沃森，年轻时曾担任过簿记员，每星期只赚两美元。但是贫穷并没有成为他们成功的障碍。他们把所有的精力都用在工作上面，因此根本没有时间去自怜。

有时这种困境表现为疾病，或者某种身体的缺陷。罗伯·路易·史蒂文森，他一生多病，却不愿让疾病影响自己的生活和工作。与他交往的人，都认为他十分开朗、有精力，并且他所写的每一行文字也充分流露出这种精神。正是由于他不愿向身体的缺陷屈服，因此他的文学作品更精彩，更丰厚。

有个男孩，长得十分高大英俊，就是自小患有口吃的毛病。他在学校里的成绩一向很好，也很受同学们欢迎。从小学开始，他的父母就为他找过许多心理专家和口吃治疗专家来帮忙，却都没有什么成效。

一天，男孩回家兴致勃勃地告诉父母，说他将代表全体毕业学生在毕业典礼上致辞，并开始着手准备演讲稿。男孩的父母也提供不少意见帮助他准备，但一直都没有提到该如何在演讲时避免口吃这个毛病。毕业典礼的当天晚上，男孩起立，开始发表演讲。他站得挺直、端正，会场观众都鸦雀无声地注视着他，因为许多人都知道男孩患有口吃的毛病。男孩一开始讲得很慢，但很有信心，接着便很顺利地把15分钟的演讲说完，没有丝毫停顿或含混不清的地方。等他演讲完，全场报以热烈的掌声，因为大家都知道，这男孩患有口吃，而他却克服了自身的缺陷，将演讲进行得如此完美。

历史上还有着无数克服自身困难与缺陷而取得伟大成就的光辉事迹。贝多芬 30 岁便失去了听觉，耳朵聋到听不见一个音节的程度，但他仍为世界谱写了宏伟壮丽的《第九交响乐》。托马斯·爱迪生是个聋子，他要听到自己发明的留声机唱片的声音，只能靠用牙齿咬住留声机盒子的边缘，通过头盖骨骨头受到震动，才得到声响的感觉。

美国科学家弗罗斯特教授不屈不挠地苦斗了 25 年，硬是用数学方法推算出太空星群以及银河系的活动、变化规律，他是个盲人，看不见他终生热爱着的天空。英国辞典编纂家塞缪尔·约翰生视力衰弱，但他顽强地编纂了全世界第一本真正堪称伟大的《英语词典》。英国大诗人密尔顿最完美的杰作也是诞生于他双目失明之后。达尔文被病魔缠身 40 年，可是他从未间断过对改变整个世界观念的科学预想的探索。爱默生一身多病，包括患有眼疾，但是他留下了美国文学史上第一流的诗文集。查理斯·狄更斯，病魔没有一刻离开过他，却正是他在小说中为世界创造了许多最健康的人物。莫里哀有肺结核，米开朗琪罗肠功能紊乱，易卜生有糖尿病……或许你对这些都不屑一顾，你会觉得自己也可以轻而易举地克服，那么下面的例子你一定会感动。

埃及著名文学家塔哈·侯赛因，号称"阿拉伯文学之柱"，他代表了 20 世纪 30 年代以来阿拉伯文学的新方向。但就是这样一位伟大文豪，竟是一位双目失明的人。塔哈由于患眼疾，在三四岁时就双目失明。但性格倔强的小塔哈，没有向命运屈服，他以惊人的毅力，顽强地闯出了一条光明之路。他刻苦认真地学习，课余时间从不荒废。他经常到邻居中间，学习来自民间的淳朴、生动的语言。他听别人朗诵诗歌，就默默在心里记下，并请别人帮助自己朗读。这一切为他进入大学进一步深造打下了坚实的基础。塔哈凭着自己的努力，进入了著名的埃及大学，毕业时获得了埃及历史上第一个博士学位，并得到国王的亲准，到法国巴黎留学，后又获法国的博士学位。

塔哈通过个人不懈的努力和奋斗，为阿拉伯文学宝库留下了不朽的伟大诗篇。

爱尔兰著名作家、诗人斯蒂·布朗一生中用左脚趾写成了5部巨著，其间的艰辛不言而喻。布朗生下来就全身瘫痪，头、身体、四肢不能动弹，不会说话，长到5岁还不会走路。但5岁的小布朗就会用左脚趾夹着粉笔在地上乱画了。在母亲的耐心教导下，布朗学会26个字母，并对文学产生了浓厚的兴趣。

布朗努力克服因身体残疾带来的不便，用超出常人的毅力，进行刻苦顽强的磨炼，学会了用左脚打字、画画，也开始了作文和写诗。他写作时，自己坐在高椅上，把打字机放在地上，用左脚上纸、下纸、打字、整理稿纸。经过艰苦的努力，终于创作了大量的优秀文学作品，尤其是他的自传体小说《生不逢辰》面世后，轰动了世界文坛，被译成了15种文字，广泛流传，并且拍成电影，鼓舞着世界人民。这位一生都在与病魔做着顽强斗争的伟大诗人和作家，在他短暂的一生中，一直都在写作，直到他最后完成了小说《锦绣前程》，为我们留下了宝贵的精神财富。

困难并不能成为借口。贝多芬说过"我要扼住命运的咽喉"，命运其实掌握在自己手中，只要凭着坚强的意志力和无比的勇气，就一定能克服困难，成就伟业。和困难一样，逆境也不应成为成功的阻力。"自古英雄多磨难，从来纨绔少伟男"说的就是逆境造就人才，许多家境贫寒、环境不利的人，都能通过自己的努力奋斗而最终取得成功。

逆境是把双刃剑，它既能使人坚强，也能使人脆弱，从来没有人能在经历逆境后而毫无改变。只是有的人能够战胜和超越逆境并站立起来，而有些人则被逆境击垮。在逆境中站起来的是强者，正如鲁迅所说："真的猛士敢于直面惨淡的人生，敢于正视淋漓的鲜血。"古今中外，强者战胜逆境的感人事迹不胜枚举，而被逆境击垮的则是弱者。弱者在逆境面前只看到困难和威胁，只看到所遭受的损失，只会后悔自己的行为或怨天尤人，因而整天处于焦虑不安、悲观失望、精神沮丧等情绪之中；而强者却能战胜逆境，坚持到最后。

逆境不会持久，而强者必将胜利。逆境，是阻止人前进的阻力，同时也是造就强者的动力。萧伯纳对那些时常抱怨逆境的人很不耐烦。他说："人们时常抱怨自己的环境不顺利，使他们没有什么成就。我是不相信这种说法的。假如你得不到所要的环境，可以制造出一个来啊！"面对困难与逆境，我们要勇敢出击。

步出行列，成功的就是你

西点人认为标新立异的人不害怕犯错，更不会因一时的错误就谴责自己。因为他们知道，害怕犯错实际上是一个最大的错误，它制造了恐惧、疑惑和自卑，这很有可能导致一个更大的错误。

美国大亨哈默 18 岁时接管父亲的制药厂，22 岁就成为环球瞩目的大亨，其成功的奥秘之一就是具有足够的冒险精神。像他和苏联做生意，当时苏联刚打完仗，接着年成不好，闹饥荒。哈默听说列宁实行新经济政策，鼓励外商投资。可当时西方世界对这个红色国家充满着魔鬼般的恐惧，没人敢问津，但哈默却跃跃欲试。他先和列宁做粮食生意，双方合作愉快，各取所需，哈默赚了一笔。后来他又果敢地在苏联投资办企业。哈默一生的商业成就为人称赞，而他在苏联的冒险成功尤其值得称道。

标新立异的人敢作敢为、胆敢冒险，相信自己能展翅飞翔，然而却从不莽撞蛮干。粗枝大叶、闭眼蛮干，只求前进而不管实际，那不是敢作敢为，那是莽撞蛮干。标新立异的人知道，在人的一生中，在某些时候必须采取重大的和勇敢的行动，然而他们要在仔细考虑这次冒险以及成功的可能之后再采取行动。

在我们前进的道路上，有无数大大小小的事等着我们去决定。当我们再一次做出重大决定时，大概又会犯另一次重大错误。也许是因为过去犯了严重的错误，大部分的人只会往后看，站在那儿慌惜不已。"如果我知道得更多或如果我有更多的时间决定，那么每件事就会有很不一样的结果。"

没有办法可以知道每件事，但是有办法可以在我们决定前多知道一些，也有办法可以给我们多点时间思考。许多人都害怕做决定，因为每个决定对这些人而言，都是未知的冒险。而且最令人困惑的是，不知道这个决定是否影响重大。因为不知道这一点，他们毫无头绪地浪费力气，担忧无数的问题，最后什么都没处理好。做决定就像在我们不知道内心真的想要何物时而随手丢铜板一样。焦虑感会逼迫、强制我们就目前所为的事实行动。但很不幸的是，留给我们决定或选择的时间太短了。瞬间的决定通常最软弱，因为它们只是目前有用的事实。结果总是不好，因为迫使我们做出这样的决定的力量，经常会扭曲了事实、混淆了真相。当所有的决定都取决于现在时，事实上最好的决定是老早以前就决定的那一个。

决定应该会反映我们的目标，假如目标是明确的，这样要决定就比较容易。没有目标的决定只是在那里瞎猜而已。对我们最好的决定可能不是最吸引人的或是能让我们最快得到满足的那一个，这就是为什么"做决定"这件事显得如此复杂的原因。在生活中，让人完全舒服的抉择很少。人的一生中，在做重大的决定时，大都有退缩的时候。有时候放弃现在的享乐和做某些牺牲，是享受长期快乐的唯一法宝。在能够做出最佳决定前，我们必须先能分辨，这是个主要决定还是次要决定。主要决定值得我们花全部的或大量的注意力和精力；而次要决定则不必要。经常做出正确决定的人，会忽略那些明显的小缺点，因为它们对他们的生活没什么大的影响。但是，一旦他们相信小的疏漏会产生大的影响时，他们就会快速做出反应，然后采取相应的措施。

对长期的问题提出短期的解决之道，通常是不佳的决定。做出不佳决定的人，可能没有意识到长期目标，或者只因为短期目标看起来比较容易做到，就选择了它。有许多短期的目标是在害怕失败的压力之下决定的。试着花点时间来做决定，问问自己："我会因等待而失去什么？我可能赢得什么？"虽然并不能确定决定是对的，但是花点时间来思考，其正确合理的可能性通常要大些。

人们通常会做决定，因为他们不能够容忍迟疑不决，特别是年轻人。由于社会的期待与影响，许多年轻人还不清楚自己到底想要什么的时候，就不得不做决定、做选择、做计划，并且努力去实现它们。于是，有些人就在他们还犹豫不定时就做了选择。尽管这样做有时是不明智的，甚至是糟糕的，他们也还是会觉得得到了解脱，感觉比较好过，但是他们很快发现这样做的后果更不好受。

迟疑不定有时会让人感到困惑，但是通常在一阵困惑之后，有人就有可能放弃旧的想法和偏见，让问题更清晰。可见，把目标加以调整，根据其他思路来做决定，从这个意义上说，犹豫不决可能是一个相当有价值的成长阶段的开始，每个人都应当珍视并从中获取一些有用的东西，来弥补我们的缺陷。

草率做决定只是在逃避自我怀疑，而且这样的做法只能将那些困惑、疑虑暂时埋藏起来。在以后的时间里，它们可能会在另外的人面前再次浮现，变成更棘手的难题。当一些问题出现在我们面前需要解决时，逃避是不明智的。而且即使是一些小问题，如果得不到及时处理，最后也可能成为超过我们能力所及的大问题。

假如某个决定不能使人快乐，并不意味着它就是错误的，因为没有哪个决定总是让每个人都高兴，我们只能选择使目标完成更为容易的决定。假如你不知道你的目标如何，那就先别妄做决定。

不去冒险是最大的危险

对于一个对什么都没有兴趣、热情而安于现状的人来说，冒险是成功的开始，是唯一可以解救他的东西；对于一个小有成就的人来说，冒险会使他的投资获益匪浅。当然我们不能认为冒险就一定会成功，但敢肯定的是那些不敢冒险的人是没有前途的。

西点一位教官说过："一旦你明白冒险意味着充实地生活，它将带给你幸福和快乐，你就会愿意开始这次旅行。"很多人得过且过、自我感觉良好，在他们看来，随波逐流地过一辈子是愉快的事，自我约束是世俗的观点，自我放纵即是自我表现。阻力最小的路线造就了弯曲的河流和扭曲的人。鱼跃龙门是逆流而上，所以才能激起千层浪花！

的确，许多人都愿意选择比较简单的方式，过着平静的生活。每当问他们为何不过一种更富有、更开阔的生活时，他们往往会因自己的这种"修养"而引以为傲。其实这是错误的！常人所说的"修养"仅仅是苟且偷安、无所作为，真正的修养是充满生命活力的奋斗！懒汉不会去想怎样充实提高自己，也没有机会品尝到胜利所带来的震撼与幸福。

第一次世界大战期间，在一座无人的荒岛上，一位上尉在偷袭对手撤回时受伤了。敌方狙击手和机枪手组成一个交叉火力网，向任何敢于前来营救那受伤不轻的上尉的人挑战。部队司令挑选两名志愿者来担任这项营救伤员的危险使命。整个部队继续前进，司令之所以选中这两个人是由于其光荣的履历及其在部队长期服役中表现出来的"魔鬼般的斗志"。夜里他们潜行至荒岛上，匍匐前进，在枪林弹雨中救回了他们的上尉。

在一个精锐的军团中能勇于面对挑战，并出色地完成任务是一项特殊的荣誉。待在战壕中不会有特别的兴奋，但当你从掩体中探出头来时，你会感觉到足够的刺激。当你昂首于众人之上时，你的日子将不再单调枯燥。

在美国密歇根，每年夏天，青年基金会都会举办夏令营活动，提出的主题便是"我向你挑战，去大胆冒险"。每年参加这个夏令营的男孩和女孩不计其数，年轻的绅士和妇女们渴望成为领导者。

在特定的时间里，整个夏令营激烈的竞赛活动此起彼伏。在一个接一个的比赛中，这些年轻人都希望成为其中最好的一个。而在另一段时间里，一种思维方式的培训项目同样使他们感到紧张和兴奋——因为这些年轻人将会成为未来的领导者，所以你不难想象，对他们的思维培训是十分有意义和有趣的。

晚上，大家围成一圈，每个小组都表演自己的娱乐节目。每个未来的领导者要学会表现自己的艺术，同时要使自己的同伴感到高兴。他要通过吸引、领导和影响他人等种种方式充分展示自我的个性。而在一个祈祷课程中，就像是在运动场、自习室围圈讨论时一样，这几百个年轻人被吸引着积极表达和阐发他们的自我信仰。这些活动使年轻的营员们意识到生活的各个方面都同样是有趣的，就是："独立自主的我在每时每刻都做最好的我。"他们勇敢地生活，尽量发挥自己的才能。在一个共同项目下，被指引着在一段愉快的时间里接受培训。正确的生活方式会使你充实而有后劲，错误的生活方式只会让你空虚，像即将破灭的肥皂泡。你愿意作何选择？

奋斗者常这样说："生活是伟大而光荣的挑战。"清晨，明媚的阳光照射进来，这时如果你精神抖擞地跳下床，信心百倍地向不利于你的环境挑战，那么你就已走上通往胜利的道路了；你能积极地面对问题，问题就已被解决了一半；如果你渴望更远大的抱负，面对这些困难，那更是不屑一顾了。

然而如何去做呢？首先，赞同这一点，即用积极生活去改变整个生活的复杂性，潜意识中的种种恐惧使如此众多的人成了生活的牺牲品，如害怕失去工作，担心疾病和艰难困苦的日子，等等。但是请记住：勇者并非无惧，而关键在于他能战胜恐惧，用积极的态度去挑战恐惧。为什么要进行挑战？因为，如果你不这样做，就不可能取胜。人们在心底都有种种渴望：要成为某种人，要获得某个地位。但我们常常坐等机会的到来，可机会绝不会惠顾那些守株待兔的人，而只属于那些主动出击的人。

也许，你正自言自语："说这些话对他来说容易，但面对挑战是谈何容易。"为何是不可能的？懦夫！"我要向你大脑中的这种想法挑战！我知道它是你致命的敌人。"由于它的存在，你比别人更应该去迎接挑战。抛弃种种理由吧，勇敢的行动会治愈你的软弱，枯燥无味的生活最需要冒险。开始做一些事情！如果有必要的话就打碎一扇窗户！

"我向你挑战！让自己的思想更成熟，让行动更果敢，让自己成为一个顶天立地的人。"如果你这样去做了，保证你的生活会更富裕、充实，会更激动人心。一个充满机会的世界将向你展示。在这个世界里，挑战所获得的回报是如此丰富和令人欣慰。科学、宗教、商业、教育……所有这些行业都在呼唤那些勇敢地面对现实、敢于挑战、勇于进取而绝不退缩的人。你要忠诚于自己，你要问自己，你是以何种方式来对待生活的？你是怎样自我评价的？你对自己所肩负的责任与自己的能力是否完全知晓？你对此评价是否感到满意？或者，你是那少数伟大者之一吗？你是一直感到终有一天自己会在领导层中获得属于你的位置的那个人吗？是某天将创造出与最好的自我相吻合的那个人吗？如果答案是肯定的，那么你就是一个成功的志愿者，就让今天成为你一直等待的那"某一天"吧！做一个敢于冒险的人，向自己挑战！

世界上没有一件可以完全确定或保证的事。成功的人与失败的人，他们的区别并不在于能力或意见的好坏，而是在于是否相信判断、具有适当冒险与采取行动的勇气。日常生活中，要想生活得有质量，还是需要勇气。原地不动，裹足不前，时常使遭遇困难的人显得精神紧张，感到束手无策，而且也会带来很多身体上的症状。

针对上述情况，马尔登建议："彻底研究状况，在心里想象你可能采取的各种行动方向，与每一种可能产生的后果。选择一种最可行的方向，然后放手去做。如果我们一直要等到完全确定之后才开始行动，一定成不了大事。每种行动都可能会中途受阻，每个决定也都可能夭折，但是我们千万不可因此而放弃了所要追寻的目标。必须有每次冒险遭遇错误、失败，甚至屈辱的勇气。走错一步永远胜于原地不动。你向前走就可以矫正你的方向；若你抛了锚、站着不动，自动导引系统是不会牵着你走的。"

如果我们满怀信心地去行动，我们就是在以上帝所赐的创造天赋做赌注！那些拒绝创造生活、拒绝勇敢行动的人，只有在酒杯里寻求勇气，要想成功永远是不可能的。要有艰苦地得到你所需之物的意愿，不要将自己廉价出售。美国陆军精神病学顾问阿伯斯说："大部分人不知道自己到底有多么勇敢。事实上，许多人都有隐藏的英雄本色，但他们却缺少自信，而虚度过一生。如果他们知道自己有深藏的资源，一定能帮助自己解决问题，甚至解决重大的危机。"你已经拥有这些资本，但是必须付诸行动，使它们有机会发挥功能，你才能体会出你确实拥有它们。积极培养你大胆行动的习惯，对任何事情都要怀着勇气，不要等到危机来临时才想成为大英雄。

美国南北战争前，时局动荡不安，各种令人不安的消息不断传出，战争的阴影笼罩着美国的大地。人人都在忙着安排自己身边的事，忙着安排家庭、财产。而约翰·洛克菲勒却在运用他的全部智慧思考怎样利用这场战争。战争会使食品和资源缺乏，还会使交通中断，使市场价格急剧波动。洛克菲勒为自己的发现惊呆了，这不是一间金光灿烂的黄金屋吗？走进去，洛克菲勒将会满载而归。那时的洛克菲勒仅有一个资金4000元的经纪公司，而且其中一半的资金属于英国人克拉克。

洛克菲勒对这个问题着了迷，甚至和女友的父亲谈话时，也禁不住发问："要是发生战争，北方的工业家和南方的大地主，哪个更赚钱？"这句唐突的问话使未来的岳父无言以对，并对他投以轻蔑的目光。洛克菲勒匆匆回到他的办公室，对伙伴克拉克说："南北战争就要爆发了，美国就要分成南北两边打起来了。""打起来，打起来又怎么样呢？"克拉克一副迷迷糊糊没有睡醒的样子。洛克菲勒胸有成竹地决定:"我们要向银行借很多的钱,要购进南方的棉花、密西根的铁矿石、宾州的煤,还有盐、火腿、谷物……"克拉克惊诧无比,摊出双手:"你疯了,现在这么不景气!可你……"洛克菲勒嘲笑克拉克的无知,他说:"明年我们的目标是取得3倍的利润。"他昂着头,冷静而又自信。在没有任何抵押品的情况下,洛克菲勒用他的设想打动了一家银行总裁汉迪先生,筹到一笔资金。在第一笔生意结账后仅仅两周,南北战争爆发了,紧接着,农产品的价格又上升了好几倍。洛克菲勒所有的贮备都带来了巨额利润,财富就像滚动的雪球跟随着战争的车轮。一切都如洛克菲勒预料的那样,第4年他们小小的经纪公司利润已高达1.7万美元,是预付资金的4倍。等到美国南北战争结束,洛克菲勒已不再是个小小的谷物经纪人,而是腰缠万贯的富翁,并开始染指石油工业。洛克菲勒在风险中的决策是他事业的一个转折点,他在后来的经营中,始终记住了这一要诀:机遇存在于动荡之中。

一位成功者说:"从来没有一个人是在安全中成就伟业的。"动荡越大,风险越大,机遇给予的成功指数也就越大。有的人由于怕承担风险,而任凭机遇与自己擦肩而过;有的人则以超人的胆略捕捉了它,从而获得了巨大的成功。

团队的力量让你无往而不胜

在西点的训练中，会尽量模拟学生将来在战场上可能经历的情景，并以此来培养学生们的团队精神和默契感。

对学生而言，没有个人的私心杂念，只有团队的目标。如果一个新生动作比别人快，做得比别人好，但是同组的其他人却比他晚到，那么他不仅不会因为个人的表现获得奖励，相反会因为遗弃队友而受到训斥，甚至受到处罚。

在西点校区旁边的波波洛本湖岸上，西点专门设了一个巴克纳营，里面的设备非常简单，学生要在这里接受 6 个星期的密集战地演习，训练的目的是让学生充分体会到团队的重要性。西点人认为，团队的利益高于一切，所以他们尽力加强学生的团队精神，让他们了解共享一切的重要性。

在巴克纳营的训练中，最开始时就这么一项障碍课程：让学生自己去体会团队合作的根本障碍，共同想出解决之道。其中一项活动是让学生 6 人一组，爬上一个 10 多米的高台，每个人都必须爬上去再爬下来。教官事先并不会告诉学生们如何完成任务，不过学生们看到这个 10 多米的高台，就立即明白了：无论用什么办法，一定得靠通力合作才能跨过这个障碍。

在这个训练中，每个团队要克服两大阻碍。第一个障碍是技术问题：他们要以叠罗汉的方式，把最高的一个人送上去，然后再由他把大家拉上去。第二个是人的问题：他们需要个别人的弱点，比如个子矮或者是身体重的人。还有就是如何统一大家的意见，选出一个理想的解决办法维持团队精神和士气。

这些项目意在训练西点人的团队合作能力，因为一个团队就好比是一个木桶，由很多块木板组成。如果组成木桶的这些木板长短不一，那么这个木桶的最大容量只能取决于最短的那块木板。团队的最大力量往往不取决于某几个超群和突出的人，更取决于它的整体状况，甚至是取决于这个团队是否存在某些突出的薄弱环节。唯有团结合作，才能发挥出团队的最大的力量。团队合作的意义，不仅在于"人多好办事"，它的巨大作用在于团队行动可以达到个人无法独立完成的成就。

通用电气公司一个名叫唐·琼斯的员工，高二的时候曾是学校篮球队的女篮队员，球打得相当不错，身高也足以成为大学篮球队的首发队员了。她有一个好朋友玛琳，也被选入大学篮球队，当首发队员。

琼斯比较擅长中远距离投球，常在10英尺外投篮，一场球打下来琼斯能投四五个这样的球，这得到了大家的一致赞赏。但是，玛琳非常不喜欢琼斯在球场上成为观众注意的中心，无论有多好的投篮机会，玛琳都不再将球传给琼斯了。

一天晚上，在一场激烈的比赛之后，由于玛琳在比赛中一直不给琼斯球，琼斯像以往一样都快气疯了。琼斯的爸爸告诉她，最好的办法就是琼斯一得到球就传给玛琳。琼斯认为这是最愚蠢的一个建议。

很快就要打下一场比赛了，琼斯决心让玛琳在比赛中出丑。她做了周密的策划，并开始着手实施让玛琳丢脸的行动。但是当琼斯第一次拿到球时，她听到爸爸在观众席上不停大叫："把球传给玛琳！"琼斯犹豫了一下，还是把球传给了玛琳。玛琳愣了一下，然后转身投篮，手起球落，2分。琼斯在回防时突然产生了一种从未有过的感觉——为另一个人的成功而由衷地感到高兴。更重要的是，她们的比分领先了。赢球的感觉真好！后来，琼斯继续同玛琳合作，一有机会就将球传给她，除非适于别人投篮或由琼斯直接投篮更好。她们赢得了这场比赛。在以后的比赛中，玛琳开始向琼斯传球，而且也一样一有机会就传给琼斯。她们的配合变得越来越默契，两人之间的友谊也越来越深。那一年，她们赢了大多数的比赛，并且两人也同时成了家乡小镇中的传奇人物。当地报纸甚至还专门写了一篇有关她们默契配合的报道。

在团队中，如果没有其他人的协助与合作，任何人都无法取得持久性的成就。当两个或两个以上的人在任何方面都把他们与自己联合起来，建立在和谐与谅解的精神上之后，这一团队中的每一个人将因此倍增他们自己的成就能力。

在市场竞争中，有冲在市场一线的销售人员，也有在后方从事产品研发的技术人员和从事制造的一线工人。产品是生产部门生产出来的，却是市场部门销售出去的。生产部门是需要"花钱"的部门，市场部门是"挣钱"的部门。生产的资金需要市场部门从市场赚回，但市场部门销售的商品需要生产部门提供。生产与销售，有如后方与前方，又如军队的保障与作战，是两个不可或缺的轮子。正是这样一个完整的链条，构成了企业参与竞争的全部家底。

织田小山刚进索尼公司时，索尼还是一个只有 20 多人的小企业。但老板却充满信心地对他说："我知道你是一个优秀的电子技术专家，就像好钢要用在刀刃上一样，我要把你安排在最重要的岗位上——由你来全权负责新产品的研发，希望你能发挥榜样的作用，充分调动其他人。如果你把这一步走好了，企业也就有希望了！"

"我？我还很不成熟，虽然我很愿意担此重任，但实在怕有负重托呀！"虽然织田小山对自己的能力充满信心，但是他清楚老板给他的担子有多重——那绝对不是靠一个人的力量能应付过来的。

"新的领域对每个人都是陌生的，关键在于你要和大家联起手来，这才是你的优势所在！众人的智慧合起来，还有什么困难不能战胜呢？"老板很自信地说道。

织田小山一下子豁然开朗："对呀，我怎么光想自己？不是还有20多位员工吗？为什么不虚心向他们求教，和他们一同奋斗呢？"

他找到市场部的同事一同探讨销路不畅的问题，市场部的人告诉他："磁带录音机之所以不好卖，一是太笨重，一台大约45公斤；二是价钱太贵，每台售价16万日元，一般人很难接受，半年也卖不出一台。你能不能往轻便和低廉上考虑？"织田小山点头称是。

然后他又找到信息部的同事了解情况，信息部的人告诉他："目前美国已采用晶体管生产技术，不但大大降低了成本，而且非常轻便。我们建议你在这方面下功夫。"他回答："谢谢，我会朝着这方面努力的！"

在研制过程中，他又和生产第一线的工人团结合作，终于他们一起攻克了一道道难关，在1954年试制成功日本最早的晶体管收音机，并成功地推向市场。索尼公司由此开始了企业发展的新纪元！

织田小山依靠团队合作的力量，终于取得了伟大的成就，而他自己也荣升为索尼公司的副总裁。

俗话说："鸟枪打不过排射炮，沙子挡不住洪水冲。"同样，一个公司的团队的力量就是"排射炮""洪水"，可以形成一股合力，让公司上下拧成一股绳，心往一处想，劲往一处使。团队精神可以推动工作顺利进行，可以促进团队有效运作和发展，它对成员的集体共同意识具有一种强化作用，能形成强大的内在凝聚力。

团队的合作力量是无往不胜的坚强后盾，群蚁可以打败巨蟒，群狼可以天下无敌。一个人能力再强，也只有当他融入团队后才能发挥出最大的力量。背靠着团队的强大力量，单个的忙碌才不会变成杯水车薪，才能忙到点子上，才能把每个人的忙碌汇聚成大海一般广阔的面积，浇灭一切瞎忙的火焰。所以我们在夺取成功的道路中，一定要学会与人合作。

真诚和尊重是合作的前提

西点军人的义气是出了名的。他们的团体意识相当地强烈，他们甚至会为自己同为西点的学生而感到异常亲切。即使相互之间从未谋面，但是校友一旦有要求，他们都会尽力相助、互相捧场和互相引荐。

西点对团队合作的理解不是每一个成员做好自己分内的事情，整个团队就没有问题了。西点非常注重个人对整体的影响。他们相信，真诚和尊重是合作的前提条件，没有这种团队精神作为前提，团队只是形同虚设。每个人都希望被真诚相待，都希望能够得到别人的尊重。

一般来说，人们对于自尊往往存有不容侵犯的保护意识。因此，一旦个人的自尊遭受侵犯或攻击时，即使对方过后表示歉意，恐怕也无法弥补双方已损伤的关系，更谈不上合作了。

举例来说，当大伙正在围桌谈笑时，有一个人讲了一个笑话，结果使得全场捧腹大笑，气氛十分欢乐。然而，在这些笑声还未平息之际，突然有另一个人说道："这的确是一则有趣的笑话，不过我在上个月的某本杂志中早就看过了。"或许这人的目的在于表现其博闻广识，但他所获得的真正评价是什么呢？而那个当初说笑话的人，此时的感受又如何呢？

大体而言，后者的行动仿佛掠夺者一般，因为他毫不顾及前者的立场，不留余地地夺走前者曾在众人心中建立的地位；而且此举对于前者而言，无异使其颜面有损，甚至严重影响个人的自尊。至于那些在场的听众，相信既不会由于后者的优势作风而倾向后者，也不可能因此降低对前者的评价。

世人大都爱自尊，这是不分贫富贵贱的。

每个人的想法都是不一样的，尊重别人是一种基本素质。这种素质是别人喜欢你，愿意靠近你，愿意与你合作的前提。

富兰克林在青年时代时，有一天，一位老教友把他喊到一边，诚恳地告诉他说道："你常常凭着你自己的情感去攻击人家的错误，这是不对的。你的朋友们都感到你不在的时候是十分快乐的；因为，他们觉得你知道的较多，所以没有谁敢对你说话，怕被你反驳得哑口无言。你想，这样，你将失去你的朋友，你将不会比现在知道得更多了；实际上，你知道的也仅仅是一点而已。"富兰克林听了这些话，觉得自己如不痛改前非，那将永远交不到真正的朋友，也没有人愿意与他合作共事了。

所以他就定下了一条规律，就是不用率直的言辞来做肯定的论断，而且在措辞方面，竭力地避免去抵触他人。不久，他觉得这种改变了的态度有着很大的好处，和人家谈起话来愈来愈融洽，而且这种谦逊的态度，极易使人接受，即使自己有了说错的地方，也不会受到怎样的屈辱了。

每个人都有虚荣心，爱慕虚荣是一种非常普遍的心理现象。从心理学的角度分析，人们爱面子、好虚荣其实都是一种深层的心理需求的反应。因为在社会生活中，人们不仅要满足基本的生存需求，更要满足各种心理上的需求。特别需要得到别人的尊重和认可、关心和爱护，得到赞美，在交往中体现自身的价值等。

许多事业上卓有成就的人成功的原因是他懂得驭人之术。而其中最重要的一点，也即最有效的一点就是：让别人感到自己很重要。因为每个人都想获得来自他人的尊重，得到别人的重视。

罗斯福是一位懂得使别人感到自己很重要的人。只要是去过牡蛎湾拜访过罗斯福的人，无不为他那博大精深的学识所折服。不管对方从事多么重要或卑微的工作，也不管对方有着什么样显赫或低下的地位，罗斯福和他们的谈话总能进行得非常顺利。

也许你会感到十分的疑惑，其实这不难回答，每当他要接见某人时，他都会利用前一天晚上的时间仔细研读对方的个人资料，以充分了解对方的兴趣所在，在交谈中有意涉及对方感兴趣的话题，从而让对方感觉到自己被重视了。这样的精心准备怎能不使会面皆大欢喜呢！

总统尚且如此，我们普通人为何不肯承认别人的重要？所以，要使他人真心地尊敬和喜欢你，非常乐意为你做事，原则上是要拿对方感兴趣之事当话题，让他感觉到自己的重要。在满足别人的重要感之后，再谈合作，很多事情都会迎刃而解了。

据一些权威人士表示，有人会借着发疯来从他们的梦幻世界中寻求自我满足。一家规模不小的精神病院的医生说："有不少人进入疯人院，是为了寻求他们在正常生活中无法获得的受重视的感觉。"人们为求受重视，连发疯都在所不惜，试想如果我们肯多给对方一分尊重、一些真诚的赞美，对他的影响该有多大！

在通常情况下，人们内心所想的东西，即使不用嘴说出来，不用笔写出来，也会被对方觉察体会出来。假如你对对方有厌恶之情，尽管你没有说出来，但是由于你这种心理的支配，多少会露出一些蛛丝马迹，被对方捕捉住，或被对方体察出来，不久，他对你也会产生坏印象的。这跟照镜子是一样的道理，你对它皱眉头，它也对你皱眉头，你对它露出笑脸，它也还你一张同样的笑脸。同样的，如果我们怀着一颗真诚的心去肯定对方，对方也会同样从内心感激你，用心回报你，直至将你所交代的事情做到完美为止。

当年老罗斯福当纽约州长时，同政党领袖们相处极好，而又能使他们改革他们一向最不赞成的政事。

当一个重要的官职空缺应该填补时，他就约请政党首脑为之推荐人选。老罗斯福说："起初他们提出一位政党的小人物，我便对他们说用这样一位小人物不合乎良好的政治，民众一定不赞成。然后他们又会提出一个名字来，比第一位好不了多少。我就告诉他们说，任命这样一个人，恐怕还不合众望，不晓得他们还能不能再推荐一位更适宜的人。他们第三次推荐的人差不多可以了。但还不十分理想。于是我表示很感谢他们，请求他们再试一次，第四回说出来的人就很不错了。以后他们也许推出一位恰好就是我自己要挑选的那一位。

"表示感激之后，我便正式任用这人，而且我要让他们享受荣誉。我就对他们说：'我已经做了使你们高兴的事，现在轮到你们该给我做一点高兴的事了。'

"他们当真如此做了。他们赞成了重大的改革方案，如选举方案、税法及市公务法案等。"

老罗斯福遇事都同别人商量，并且尊重他们的意见，维护他们的自尊。老罗斯福遇到任命重要官吏时，他让政党首脑们感觉到人选是他们挑定的，意见也是他们给的。

佛里特银行董事长托马斯·多尔蒂说："平常对人的态度才是最重要的。每个人都希望被当作独特的个人。在我30年前加入银行界时如此，但我相信即使100年后，这一点也是不会改变的。"

多尔蒂认为："最重要的是对人的尊重。即使像问好或说声'谢谢'这样的小事，也是表示对人的尊重。我认为创造出人们愿意努力工作的环境，本来就是管理者的职责。"只有当人们感受到被人尊重，并被当作一个独特的个体对待时，他们才会喜欢与你相处，愿意与你共事，合作便成了自然而然的事情。

大部分成功的人都从经验中证实，要维护他人的自尊，绝非一两次的表态可以奏效，它是由许多次日常接触所形成的一种过程。

多年前薛佛曾任职于一家国际保险公司——麦卡比公司。当公司迁入一座新大楼后，跟以前不同的是这大楼中还有几家其他的公司。薛佛希望在搬迁之后，原来所维持的重要的个人接触并不因迁移而疏忽。所以，他到新大楼上班的第一天，第一件事就是走到安全人员台前。薛佛回忆当时的情景："当时有10来位安全人员，我请他们都围拢来，结果发现他们除了知道我们公司的名称之外，连我们从事保险业都并不清楚。于是我对他们说：'各位！我们在底特律市有几位很重要的业务代表，如果你们发现来的人是业务代表，一定得给予最隆重的欢迎，我是说尽量让他觉得备受重视，如此便得劳驾你们亲自送他上 7 楼找到他所要会见的人，也请你们一定要配合帮忙。'后来我听到一些业务代表谈起他们来到这栋大楼所受到的礼遇，他们感到很高兴。"

所有的这些小动作加起来就是一个很重要的整体结果，那就是——人们会对自己所处的环境与团队感觉很满意。员工只要相信公司关心他们、了解他们的需要、维护他们的自尊，就会以努力工作达到公司目标作为回应。

每一个人都有着他的自尊心，如果你对他所说的话能够表示同意，这就是尊重他的意见，在无形中把他自己抬高了，而这抬高他的便是你，自然他对你十分感激，愿意和你做朋友。反过来，你不能对他表示同意，这显然是你站在和他敌对的立场，你是他的敌人而不是友人，他能不和你为难吗？所以，在说话的时候，这一点人们是应该要加以注意的。

总之，顾及他人的心态及立场，尊重他人的自尊，乃是相当重要的为人之道，也是促成合作不可或缺的要素之一。因此，你要促使别人与你合作就必须维护他人的自尊。

领导力决定成功的高度

美国某记者所著的《"西点"人和"西点"精神》一书中提到西点军校的一句口号："西点军校——永恒的领袖。"它意味着，西点军校毕业生永远都要充当"领袖"。

在西点军校 200 多年的历史中，为美国培养了众多的军事人才，其中包括 3700 名将军。格兰特、麦克阿瑟、巴顿等名将都毕业于西点军校。

西点除了培养了大批的军事家，还为美国培养和造就了众多的政治家、企业家、教育家和科学家。如艾森豪威尔总统、黑格国务卿、鲍威尔国务卿、军火大王杜邦、巴拿马运河总工程师戈瑟尔斯、第一个在太空行走的宇航员怀特……

西点在平时的课程中非常重视领导力的培养。如校长麦克阿瑟的领导原则就包括：

1. 我是令下属犹豫不定，还是使他们变得坚强勇敢？

2. 如果我的下属证明自己确实无法胜任，在撤掉他时，我是否运用了道德勇气？

3. 我是否已经尽力鼓舞、激励、鞭策自己和他人以挽回缺憾和失误？

4. 我对掌管的大部分下属是否既知道姓名，又知道脾性？我对他们是否了如指掌？

5.我是否充分了解自己工作的有关技巧、必要性、目的和管理方式?

6.我发火是否针对个人?

7.我的行动是否令下属真心愿意跟随?

8.我是否把本应属于自己的任务进行了授权?

9.我是否大包大揽,没有进行授权?

10.我是否交给下属他必须尽最大努力才能完成的任务,以便培养他的能力?

11.我是否关心下属的个人福利,就像关心自己的家人?

12.为了激发信心,我表现得言语镇定、态度从容还是兴奋过头、举止失措?

13.对于下属我是否总是他们品德、着装、举止和风纪方面的榜样?

14.我是否对上级恭敬而对下属苛刻?

15.我的门是否为下属而打开?

16.我是否更多地想到地位而非工作?

17.我是否当众纠正下属的错误?

作为领导者,要起表率作用,"平常时段,看出来;关键时刻,站出来;生死关头,豁出去"。"平常时段,看出来"是个人素质、潜在能力和品质的体现;"关键时刻,站出来",是勇气、原则和实力的展现;"生死关头,豁出去",是一种勇于奉献和敢于牺牲的精神。很多人在关键时刻丧失领导力的原因就是:要求下属"照我说的做",而不是"照我做的去做"!在关键时刻不能坚持原则,更没有勇气和实力站出来,也就是不敢说"看我的"!

事实上,任何一个领导者的行为,都会影响他的追随者和身边的每一个人。追随者会通过一种被称为"示范"的学习过程而受到影响。这种影响在平时是潜移默化的,也许不会被清醒地认识到,可在关键时刻却是非常强烈的。

有一个著名的古代寓言:春秋时,一位晋国人想到南方的楚国去,他的马够快,车够结实,带的粮食也够多,可惜,他的方向错了，南辕北辙，结果越行越远。

很多人，就像这个晋国人一样，不是没有行动的能力，而是找不到正确的前进方向。当大家为何去何从不知所措时，领导的作用就显示出来了。身为领导者，有着超乎一般的远见卓识，他的任务就是告诉追随者们应该朝哪个方向前进；应该选择哪一条路；在这条路的前方，有怎样的风险和利益……在必要的情况下，他还应该走在队伍的前面。在大家茫然四顾的关键时刻，一声"跟我来"，就像一支强心针，能使团队士气大振，并形成一股强大的冲击力。

追根究底，领导者的远见卓识，不仅在于为追随者指明应该前进的方向，更重要的是，应引导追随者到他们希望去的地方。这就是说，领导者的领导目标应符合团队价值观，也就是所谓的顺民意、得民心。孙子说："道者，令民与上同意者也，故可以与之死，可以与之生，而不畏危。"追随者不可能仅仅为领导者的个人目标而奋斗，只有上下目标一致，追随者才能跟随领导者出生入死，不避艰险。例如，毛泽东提出"打土豪、分田地"的口号，使饱受土豪劣绅欺诈的贫民士兵觉得不是在为他人打仗，而是在为自己和自己的苦难同胞打仗。他们怀着对未来的憧憬，充满了革命热情，即使在最困难的时期，他们仍然紧紧追随毛泽东，爬雪山，过草地，突破无数雄关险隘，战胜重重困难，走完了二万五千里长征。

金子具有价值，但价值产生于人们认识金子之后。领导者与别人建立良好的人际关系，主动关怀别人，学会与别人交谈并调动别人的积极性，就是一个让人认识的过程。沟通的过程绝非只是一个传达自己的观念或意见的过程，而是一个双方心灵的交流并相互认同的过程。领导者通过这一过程，将自己的人格魅力焕发出来，对他人产生潜移默化的吸引力和巨大的鼓舞力量。

1778年拿破仑离开欧洲，在这以前他结交了两个真正的朋友：一个是大银行家罗洛托，一个是巴黎卫戍军首领卡特伯。罗洛托和卡特伯都深信拿破仑这头"科西嘉雄狮"终有一天会带领法国走向辉煌，他们都曾对他表示过敬意。

拿破仑也非常尊重他们，认为自己和他们的关系"不仅仅是在利益上的结合"，"我们是相互尊重，相互信任，能够鼎力相助的亲密朋友"。

这两人在后来拿破仑发动政变时，起到了极大的作用。

拿破仑在1799年回到巴黎时，罗洛托游说金融界的朋友给他提供了大量的金钱，而卡特伯则举兵响应他。拿破仑因此入主法国执政府，成为第一执政，开始进入了政治生涯的巅峰期。

要做个真正出色的领导者，就要融入集体。大多数人都不可能刚刚走上工作岗位就成为领导者，但是每个人都有成为领导的机会。所以我们必须及早准备，培养自己的领导能力，及早打好基础，以后的路才会更好走。没有人天生是领袖，没有人天生就具有出色的管理才能。领袖的素质和管理才能是通过后天的努力和学习得来的，它是可以通过培养获得的。

那么，怎样才能培养领导力呢？

1. 你要端正自身，带头当好表率

"公正"是领导要学的第一课，对己公正，对人公正，对事公正，才能够树立领导的威信。

领导不能做到公正，原因是无法端正自己的内心。内心端正了，处事就没有偏私。端正自心，首先要端正自身，自身端正了，家庭就能端正，国家就能端正，天下就能端正。

《论语》中云："其身正，不令而行；其身不正，虽令不从。"这句话也是告诫领导者必须品行端正，谨慎从事，以身示范。否则，是不会有威信的。

领导者乃众人的榜样，他的言谈举止、喜怒哀乐，直接影响到部属和群众。如果他自身的行为规范得体，即使不制定任何法令规章、制度，人们也能自然地效法他的行为，走正道，做正事。然

而，如果他自身的行为不正，胡作非为，即使制定严格的法令、法规，人们也不会执行。

2. 考虑问题应尽可能地周到

考虑问题尽可能地周到，处理事情的时候要多思考还有哪些不符合人性的地方。人人都用自己的方法来领导别人，但是总有一种最好的、最理想的符合人性的方法。

3. 追求进步

相信自己和别人还可以进步，更要推动帮助进步的行动。在每一个行业中只有精益求精的人才能够不断地进步。作为领导人更应该时刻追求进步，不能随遇而安。团队需要领导人物的榜样作用和激励，如果领导人不求上进，怎么可能带领一支优秀的团队呢？

4. 学会独处与思考

腾出一点时间和自己交谈、商量或从事有益的思考。领导人物每天都应该花一定时间来单独思考。无法忍受孤独的人，他们尽量避免动脑筋，在心理上自己已经被自己的思想吓坏了。这些人会随着岁月的流逝而变得心胸狭窄，眼光日益短浅，行为也会变得幼稚可笑，当然不会有坚忍不拔、沉着稳健的作风。忽略了自己大脑的思考能力的人不可能成为一个出色的管理者和领导者。

领导阶层和管理阶层最主要的工作就是思考，迈向领导之路的最佳准备也是思考。因此，希望你每天都能抽出一定的时间练习合理地单独思考，并且往往朝着成功的方向去思考。久而久之，你就会发现，自己已经培养起了你的领导气质和管理者的才能。

5. 学会授权的艺术

没有人能有三头六臂，对于管理者来说，对下属进行适度的授权是必要的。但是充分授权，只是尽量不去干扰下属的工作，而不是授权之后就什么都不管了。

高尔文是摩托罗拉创办人的孙子，个性温和，为人宽厚，是个被许多人公认的好人。1997年，他接任摩托罗拉的CEO时，就曾认为应该完全放手，让高层主管自由发挥。但是，从2000年之后开始，摩托罗拉的市场占有率、股票市值、公司获利能力连连下跌，市场占有率也只剩下了13%，股票值缩水72%，创下15年来首次亏损的纪录。

高尔文最大的失误就是放手太过，不善控权，把自己隔离在一个真空地带，从来就没有掌握公司的真正经营状况。他一个月才和高层主管开一次会，在发给员工的电子邮件中，谈的还尽是如何平衡工作和生活。没有监控的权力可能会造成无法无天的可怕后果，授权后就不再过问的管理方式是危险的管理方式。放权就像是放风筝，风筝是必须让它自由放飞的，可是你也不能连线也一起放飞了。高尔文曾宣布要在2000年卖出1亿部手机，内部员工在几个月前就已经知道目标是无法达成的，只有高尔文自己弄不清楚状况。他盲目地采取放权政策，结果使摩托罗拉变成了一个庞大的官僚体系。摩托罗拉原有6个事业部，由各个部门自负盈亏。由于科技聚合，每个产品的界限已分不清楚，摩托罗拉进行改组，将所有事业部汇集在一个大伞下。结果是，整个组织增加了层级，变成了一个大金字塔。

一直到2001年年初，高尔文才意识到问题的严重性——摩托罗拉的光辉可能就要断送在他的手上。他终于下定决心改变自己"好人、放手"的作风，准备力挽狂澜。他开除了首席营运官，进行组织重整，让6个事业部直接向他报告；他开始每周和高层主管开会……摩托罗拉也因此渐渐有所起色。

授权之后并不意味着就可以对任何事情都不闻不问了，一名卓有成效的领导者，不仅要做一个授权的高手，更应该做一个控权的高手。整个企业全靠一个头头苦干实干是很难撑得下去的，但是授权也不是领导者交出权力之后就可以直接当甩手掌柜，这样最严重的后果是整个企业被自己甩到西伯利亚喝西北风，企业被吹倒闭。次严重的后果是自己的权力被部下架空，你变成一个傀儡。到底是授权还是控权？这是很多领导者非常为难的一件事情。根据管理学原理，授权是必需的。

所以，领导者在下放权力的过程中一定要有足够的控制力，不要超出自己力所能及的控制范围。列宁说："信任固然好，监控更重要。"授权管理的本质就是监控、监督和跟踪。授权管理是否成功，跟授权者的放风筝水平是成正比的。

6.储藏领导才干

作为领导者，要做到八面玲珑，就必须具备非凡的才干。只有具备非凡的才干才能面对任何情况都得心应手。才干不是先天有的，是可以后天培养的，我们一定要利用各种条件为自己储藏这些资本。

（1）语言魅力

强有力的语言不仅使你富有吸引力，而且是事业成功的一种要素。中国自古以来崇尚辩术，战国时期苏秦与张仪仅凭一张嘴，说服各国合纵连横，苏秦还身担六国相印，叱咤风云。这都是因为他们有一副好口才，能说服别人，把自己的意志实施。可见，领导者必须具有强有力的语言表达能力，有一副好口才。

（2）独立的品质

独立性表现出一个人自己有能力做出重要的决定并执行这些决定，有责任并愿意对自己的行为所产生的结果负责，相信自己的行为是可行的，能产生积极的结果。大凡领导者，往往不能完全按照自己的意志行事。其实，在充分发扬民主的基础上，最后需要领导者一锤定音。

（3）果断的性格

果断性表现为善于迅速地明辨是非，及时地采取措施处理一些事情，尤其是一些恶性突发事件。李·雅科卡曾经说过："如果要我用一个词来概括优秀领导者的特点，那我就会说是果断。"当断则断，贻误了战机就可能导致企业处于不利的境地甚至破产。与果断相反的是优柔寡断，这是缺乏勇气、缺乏信心、缺乏主见、意志薄弱、逃避责任的表现。作为领导者，这是万万要不得的。

（4）强烈的自制力

自制力是指能够统御自己的意愿的能力。在失败、恐惧、压力、倦怠的情况下，领导者需要振作精神，消除由于这些不利因素带来的一连串的连锁负效应。在成功的时候，需要戒骄戒躁，警惕成功后随之而来的放松和自满。钢铁大王卡内基在没有资金、没有背景、没有接受高等教育的情况下发迹，他把自己的成功归功于自律。能驾驭、运用自己心智的人，可以轻易地获得他梦想的东西。领导者不能被胜利冲昏了头脑，也不能被挫折压弯了腰。在荣誉面前不能飘飘然，在困难面前更应卧薪尝胆。

具备开阔的胸襟

在西点，流传着这样一句格言："天空收容每一片云彩，不论其美丑，故天空广阔无比。"西点人认为，开阔的胸襟是做人的一种风度和境界。

西点军校 1915 届毕业生艾森豪威尔是一个既随和又高贵的人，很受人尊敬。传记作家彼得·莱昂说："艾森豪威尔曾想亲近人民，他也希望人民亲近他。当事情并非如此的时候，他感到难过。"他需要友好亲善的一个理由，是他对谈论别人缺点时的厌恶。

艾森豪威尔小的时候，曾因为大人不允许他同孩子们一起玩耍十分生气，用指关节撞树，直到撞出血来。妈妈在帮他敷药的时候告诉他："厌恨是毫无用处的。"艾森豪威尔觉得这是他一生中最重要的时刻。从那以后，他努力避免憎恨别人或公开说别人的坏话。

他说:"我们不要浪费一分钟的时间去想那些我们不喜欢的人,也不要为了恨别人而去浪费一分钟。"

艾森豪威尔那种令人宽慰的笑容,正好是他乐观的性格写照。他偶尔也会闷闷不乐或者怒气冲冲,但从来没有持续多久。

宽容说起来简单,可做起来并不容易。不过这也是最能体现一个人的胸襟和涵养的时候。

统帅北方军的格兰特将军和领军南方部队的罗伯特·李都毕业于西点军校,这两位昔日的同窗好友因为各为其主而成为战场上的对手。结果,格兰特技高一筹,最终迫使罗伯特·李俯首称臣。然而,格兰特一生最敬重的人却是他的对手罗伯特·李,并且多次在公开场合称赞罗伯特·李。

领导者必须有开阔的胸怀,正所谓"宰相肚里能撑船",只有胸怀宽阔坦荡的人才能显现出非凡的气度,才能拥有较强的个人魅力,才能容忍他人的缺点和错误,看到积极方面和主流,这样他便能做到凝聚人心,把有才干的人集中到自己的身边,为己所用。

楚庄王打了胜仗,设宴款待群臣。席间,楚庄王命最宠爱的妃子为参加宴会的人敬酒。这时,天色渐渐暗下来,大厅里开始燃起蜡烛。君臣猜拳行令,敬酒干杯,好不热闹。忽然,一阵狂风刮过,客厅内所有的蜡烛一下全被吹灭,整个大厅一片漆黑。楚庄王的美妃正在席间轮番敬酒,突然,黑暗中有一只手拉住了她的衣袖。对这突然发生的无礼行为,美妃不敢乱喊,一时又脱身不得,情急之下,顺手扯断了那个人帽子上的缨。对方手一松,美妃趁机挣脱,跑到楚庄王身边,向楚庄王诉说被人调戏的情形,并告诉楚庄王,对方的帽缨被扯断,只要点明蜡烛,检查帽缨就可以查出这个人是谁。

楚庄王听了宠妃的哭诉,很不以为然。他想:"怎么能为了爱妃的贞节而使部属受到污辱呢?"于是,楚庄王趁烛光还未点明,便在黑暗中高声说道:"今天宴会,请各位开怀畅饮,不必拘礼。为了尽兴,请大家都把自己的帽缨扯断,谁的帽缨不断谁就是没有喝好酒！"群臣哪知楚庄王的用意，为了讨得楚庄王欢心，纷纷把自己的帽缨扯断。等蜡烛重新点燃，所有赴宴人的帽缨都断了，根本就找不出那位调戏美妃的人。

就这样，酒宴上的一场尴尬局面化解于无形，大家都尽兴而归，包括那个调戏楚庄王宠妃的人。

事后，楚庄王对王妃解释说："酒后失态是人之常情，如果追查处理，反会伤了将士的心，使众人不欢而散。"

三年后，楚国与晋国交战。战斗十分激烈，历时3个多月，在这场战斗中，楚国有一名军官奋勇当先，与晋军交战斩杀敌人甚多，晋军闻之丧胆，只得投降。楚国取得胜利，在论功行赏之际，才得知奋勇杀敌的那名军官，名叫唐狡，就是在酒宴上被美妃扯断帽缨的人，他此举正是感恩图报啊！

容人之过，释人之嫌，不但是一种为人的度量，同时也是一种生存的谋略。容人之过，方能得人之心。人非圣贤，孰能无过？对于一些不属于罪在不赦的错误，为什么不给一个改过的机会呢？人犯了错之后，总是非常迫切地希望得到别人的宽容，给他一次悔过自新的机会。他一旦重新获得别人的宽容，就会产生感恩图报的心理，以期通过自己加倍的改过表现来获得对方的认可。所以我们应该善于利用这一点，在别人犯错的时候，宽容别人，不要得理不饶人，给人家改过自新，甚至是戴罪立功的机会，这样就笼络住了人心，让他为你效力，这比把人一棍子打死聪明多了。

领导者具有容天地万物的气度。这也是优秀领导者必备的素质修炼之一。领导者的胸襟主要表现是虚怀若谷、宽恕礼让、容纳异己、以德报怨。待人宽容，不仅在团队管理中受人尊敬，让部下产生让人信服之感，还能使自己较为容易获得非权力的影响力。胸怀宽度决定着管理高度，有时无声的宽恕比批评指责更有说服力。

凡成大事者，无不以宽容取胜。

十六国时后赵的创建者石勒和南朝宋国的创建者刘裕就是因此而得人心、得众助的。刘裕能创建南朝宋国，也因他能雅量待下，故部下们敢直言，为之竭智尽力。据《宋书·郑鲜之传》的记载说明：没有刘裕的雅量，也就不能容忍郑鲜之的直言；没有郑鲜之的言无所隐，直言进谏，就不能及时纠正刘裕的错误。

刘裕本是靠打杀起家，从未读过书，他的言论错了，也没有人敢纠正他。但郑鲜之对刘裕的谬论却从来不会放过，往往与之辩到其理屈词穷，待其认识错了才罢休。刘裕有时感到很狼狈，脸色都变了，但还是容忍而不发作。他曾对人说："我本无术学，言义尤浅。此时言论，诸贤多见宽容，唯郑不尔，独能尽人之意，甚以此感之。"

刘裕如果没有雅量，就不能因人纠正自己的过失而宠之。刘裕很敬重郑鲜之，如刘裕北伐时，任郑鲜之为右长史；郑鲜之曾祖墓在开封，他请求去拜墓，为保他的安全，刘裕派骑兵护送。到了刘裕创建宋国称帝，郑鲜之升任太常，都官尚书。

即使这时刘裕贵为皇帝，在他面前，鲜之仍然言无所隐，而刘裕因对他为人深有了解，仍宠信如昔。有一天，在内殿宴饮，唯独不召郑鲜之参加，坐定，刘裕对群臣说："郑鲜之必当自来。"不一会儿，卫士来禀告："尚书郑鲜之求见。"刘裕大笑引他进来。

正是雅量待人，使得刘裕的身边聚集了众多文臣武将，他们为后赵的建立出生入死，立下了汗马功劳。"海纳百川，有容乃大。"领导者一定要有一颗宽容之心。下属的信任与尊重来自领导者宽以待人的行为，要想提升管理的高度，领导者就必须拓宽自己的胸怀宽度。

一个古代的封建君主尚能如此宽容大度，我们现代企业的管理者更应该用博大的胸怀去包容员工。索尼创始人盛田昭夫就是一个对员工豁达、宽容的优秀管理者。

有一次，索尼公司某下属公司的总经理对盛田昭夫抱怨说，有时工作中出了差错，却找不出该负责任的员工。盛田昭夫对这位总经理说："找不出是好事。如果真的找出是哪位员工，会影响其他员工。"

　　他还对这个总经理说："就算找出了犯错误的人，怎么处理？这个人肯定已经在公司里干了一些时间，即使你把他开除了也于事无补，错误已经犯了，只能尽力弥补，让同样的错误不再发生。如果他是一位新员工呢，犯错误是因为对工作还不够熟悉，这时候你更要帮助他而不是抛弃他。要耐心找出犯错误的原因，以免他或别人重犯。这不但不是损失，反而获得了教训。在我多年的领导生涯中，还真找不出因犯错误而被开除的人呢。"

　　盛田昭夫告诫这位总经理："我们不可能要求员工不犯错误，'人非圣贤，孰能无过'，何况这些错误也不至于动摇整个公司。而如果一定要追究员工因犯错误而被剥夺了升迁机会，他也许就会一蹶不振，从此失去工作的热情，更别说为公司做更大的贡献了。所以，只要找出错误的原因，公之于众，无论是犯错误的人，还是没犯错误的人都会牢记在心。"

　　盛田昭夫曾对下属这样说过："放手去做好认为对的事，即使你犯了错误，也可以从中得到教训，不再犯同样的错误。"盛田昭夫的宽容和明智，深深地触动了这位总经理。

　　如果为了追究一个错误，又犯另一个错误，这其实是两个错误了。对于领导者来说，容许员工犯错是非常重要的，这不仅是领导者处理好与下属关系不可缺少的品质，而且这对企业管理本身也有许多好处。

　　宽容地对待员工的错误有利于激发员工的主观能动性，从而对工作加倍努力。作为一个领导者就要具备豁达、开放、包容的胸襟，而后事业才能有成。宽容大度是现代领导者必备的品质之一，管理中必须讲宽容。如果小肚鸡肠，那就绝不可能成为十分优秀的管理者。

　　一个人不管多么高明，缺点错误总是在所难免的。只要员工抱着一种积极、认真、负责的态度去做，哪怕出现一些差错，领导者也应以一种宽容之心去处理，不能"一棒子打死"，要和员工共同分析原因，查找不足，总结经验教训，避免类似问题重复出现。

犯错的员工得到领导者的谅解，从而获得一个宽松安定的心理环境。管理者爱才、惜才、用才是宽容大度的突出表现。既要学习别人的长处，补己之短；又要能够宽容别人的短处，扬长避短。宽容的品质对于管理来说像润滑剂一样，使人与人之间的摩擦减少，增强领导者与被领导者之间的团结，提高群体相容水平。

尊重团队成员

在西点，指挥官与下属之间讲求的是信赖、忠诚、尊重，而这一切的默契只能够通过"仁慈"的做法来实现。西点约翰·斯科菲尔德将军曾这样说："最好、最成功的指挥官，都是因为公正、坚定，加之和蔼亲切，才得到其下属的敬重、信赖和友爱。"无论在什么样的组织中，都应该讲求尊重式的领导。西点教员林肯·安德鲁曾这样讲述西点军人应有的领导方式："或许每一位军事领导人应有的最重要的基本认识就是——每一个人都深深渴望保持自尊，都有权要求周围的人认识到他的自尊。"尊重的表示，对那些富于高尚思想和有荣誉感的人有很大的力量。尊重能给人以激励的力量，一个懂得运用尊重和赞美来调动下属积极性的领导者往往能带领自己的团队获得巨大的成功。

尊重他人，可以减少对别人的伤害。通用电气公司曾面临一项需要慎重处理的工作——免除查尔斯·史坦恩梅兹担任计算部门主管的职务。史坦恩梅兹在电器方面是一等的天才，但担任计算部门主管却彻底地失败了，然而公司却不敢冒犯他。公司绝对不会批评他——而他又十分敏感。于是他们给了他一个新头衔，让他担任通用电气公司顾问工程师——工作还是和以前一样，只是换了一项新头衔，并让其他人担任部门主管。

史坦恩梅兹对新头衔十分满意，通用公司的高级人员也很高兴。他们已温和地调动了他们这位最暴躁的大牌明星职员，而且这样做并没有引起一场大风暴，这是因为他们的包容的举措让他保住了他的面子。

顾忌他人的感受，这是很重要的，然而却很少有人想到这一点。生活中我们常常残酷地抹杀他人的感觉，又自以为是，我们在其他人面前批评一个小孩或一名员工，找差错，发出威胁，甚至不去考虑是否伤害到了别人的自尊。然而，一两分钟的思考、一两句体谅的话，对他人的态度做深入地了解，都可以减少对别人的伤害。

领导能力也是一种艺术，不是生硬的命令，而是一种尊重与激励的艺术。懂得如何合理地运用领导技巧，尊重的同时又不丧失威严，利用赞美使下属发挥更大的潜力，才是真正优秀的领导。

领导者应当懂得理解人、关心人、尊重人。人不是机器，也不应当被当机器或者发泄工具来粗暴对待。

曾经有这么一家生产炸薯条的企业，在 2007 年一年有 50 名员工因违纪而遭解雇，被解雇员工人数占到总人数的 20%。解雇事件时常发生，在企业内造成的直接影响是，恶劣情绪弥漫。尽管企业管理者三令五申地重申制度、提出书面警告、采取无薪停职等措施，员工的违规行径却毫无收敛。可以说，这家企业的老板在管理员工方面用尽了所有的惩罚措施。员工对这些惩罚措施深感气愤和憎恶，随时寻机报复。普通员工和企业管理者的敌对态势十分明显。

这一天，一个叫张立的工人因为上班期间多去了几趟厕所而受到领导的训斥，他对此很不满，一心想着找个机会报复。第二天，他带了支粗头笔来上班，偷偷地将炸薯条从生产和包装区运转的传送带上拿下，在薯条盒子上写下极具侮辱的话，再神不知鬼不觉地放回到传送带上。这些薯条被销售到顾客手中，顾客看到这些脏话后，纷纷投诉这家企业。

这种"独特的、很具有想象力的"报复手段很快被其他员工学会，他们纷纷效仿。企业管理者向他们发泄情绪，他们就向产品发泄情绪；管理者惩罚他们，他们就"惩罚"产品。顾客投诉增多，纷纷表达不满。然而，企业领导者对这种事情又毫无办法。最终，消费者不堪薯条盒子上的辱骂，再也不买这家企业生产的产品。这家企业在 2008 年 3 月宣布倒闭。

管理是一门科学，绝不是单靠一个"罚"字就能解决所有问题的。管理应该是严格的，但严格的管理并不等同于严厉的处罚。没有人喜欢在一个处罚严厉的环境中工作，而员工能力的发挥和潜力的挖掘需要一个充满尊重与温情的和谐环境。

在微软计算机软件帝国里，对人的尊重被放在了首要位置。每一个细节都体现着对员工的重视。为给员工提供自由表达的机会，微软设立了个性化的办公室，设立了弹性工作时间，虽然他们的价值观没有任何的口号和标语，也没有像英特尔那样印在每一位员工的铭牌上，但是他们的价值观已经深入到企业生活的点滴之中。每一位员工都对自己的本职工作有着强烈的兴趣，他们各司其职又高度合作。他们通过不断的创新来体现个人价值，也对企业发展形成推动力量。所以在微软公司，每一位员工都在为实现个人价值、追求顾客满意和承担社会责任而不懈努力着。尊重员工，创造"和"的氛围，为微软带来强大的"软"实力。

现在企业间的竞争，主要体现在人才之间的竞争。尊重员工不仅是提高企业整体竞争力上最为重要的一环，也是保证企业实现可持续发展的动力之源。因为尊重员工，才能充分调动员工的创造性和主人翁精神，从而使企业聚积巨大的竞争能量，在促进员工实现企业内部绩效优化的同时，在外部市场上实现经济效益最大化。

3M 公司的许多做法值得推崇。在这家全球知名的跨国企业内部，他们在尊重员工方面有着一个非常著名的原则：不必询问、不必告知，充分尊重员工的隐私。这个原则就是天条，任何管理者都必须遵守。管理者鼓励员工做他们想做的事，而不要求详细了解员工的工作细节。正是缘于这种宽松的管理方式，3M公司员工的创新得到了极大可能的自由发挥。

在3M公司，技术人员可以花15%的时间在他自己选择的项目上，他们甚至会尝试那些没有被主管认可的想法。曾经有一位叫理查德·德鲁的年轻员工，他在试验一个项目时，被3M公司前CEO威廉·麦耐特看到，威廉·麦耐特认为这个项目既浪费时间又浪费金钱，出于对工作的负责，他出言建议理查德停止下来。但理查德完全没有理会威廉的意见，甚至还对他干涉自己的工作向别的领导表达不满。正是由于理查德的坚持，他为3M公司带来了一项突破性的产品。这个产品为3M公司带来了巨大的经济利益。

这就是尊重员工带来的回报。当然，尊重员工并不是要求管理者放弃所有的规则和制度，相反，应该保持必要的原则性。美国著名玫琳·凯化妆品公司的成功曾经被世人认为是个奇迹，在谈到自己的成功经验时这个公司的总裁玫琳·凯说："我管理的金科玉律是：你们希望别人怎样对待你，你们就怎样对待别人。"她认为最重要的是要让员工感受到你在尊重他们，不过，在如何尊重这一点上，玫琳·凯却有自己的理解。她认为尊重人绝不应该是无原则的，对一个表现出明显缺点的员工，一味迁就和让步就等于毁了他，这时候，严厉和原则倒往往是一剂良药。

打造"和"的管理境界，是要实现管理者既要"少管理"，又要"管得住"；既要让员工感受到充分的尊重，又要促进企业的长远发展。在实施管理过程中，企业管理者要强调员工的重要性，并尽可能地弱化自己，采用柔性的管理方式，把每一位员工都放在十分重要的位置上。但这并不是说，管理者就需要讨好员工。和谐并不是靠讨好员工得来的。和谐是指双方彼此尊重，只有彼此尊重才有进一步的团结合作。管理者的秘诀是尊重人，但是，即使是在柔性的管理方式下，也要有刚性的制度。管理者在实施管理过程中，可以采用灵活的方法，但一定要坚持原则，令行禁止，在制度面前人人平等，这是管理中必须遵守的规则。

早在创业之初，沃尔玛公司创始人山姆·沃尔顿就为公司制定了三条座右铭：顾客是上帝、尊重每一个员工、每天追求卓越。沃尔玛是"倒金字塔"式的组织关系，这种组织结构使沃尔玛的领导处在整个系统的最基层，员工是中间的基石，顾客放在第一位。沃尔玛提倡"员工为顾客服务，领导为员工服务"。

沃尔玛的这种理念极其符合现代商业规律。现今的企业，竞争其实就是人才的竞争，人才来源于企业的员工。作为企业管理者只有提供更好的平台，员工才会愿意为企业奉献更多的力量。上级很好地为下级服务，下级才能很好地对上级负责。员工好了，公司才能发展好。企业就是一个磁场，企业管理者与员工只有互相吸引才能凝聚出更大的能量。但是，很多企业看不到这一点。不少企业管理者总是抱怨员工素质太低，或者抱怨员工缺乏职业精神，工作懈怠。但是，他们最需要反省的是，他们为员工付出了多少？作为领导，他们为员工服务了多少？正是因为他们对员工利益的漠视，才使很多员工感觉到企业不能帮助他们实现自己的理想和目标，于是不得不跳槽离开。

这类企业的管理者应该向沃尔玛公司认真学习。沃尔玛公司在实施一些制度或者理念之前，首先要征询员工的意见："这些政策或理念对你们的工作有没有帮助？有哪些帮助？"沃尔玛的领导者认为，公司的政策制定让员工参与进来，会轻易赢得员工的认可。沃尔玛公司从来不会对员工的种种需求置之不理，更不会认为提出更多要求的员工是在无理取闹。相反，每当员工提出某些需求之后，公司都会组织各级管理层迅速对这些需求进行讨论，并且以最快的速度查清员工提出这些需求的具体原因，然后根据实际情况做出适度的妥协，给予员工一定程度的满足。

在沃尔玛领导者眼里，员工不是公司的螺丝钉，而是公司的合伙人，他们尊重的理念是：员工是沃尔玛的合伙人，沃尔玛是所有员工的沃尔玛。在公司内部，任何一个员工的铭牌上都只有名字，而没有标明职务，包括总裁，大家见面后无须称呼职务，而直呼姓名。沃尔玛领导者制定这样制度的目的就是使员工和公司就像盟友一样结成了合作伙伴的关系。沃尔玛的薪酬一直被认为在同行业中不是最高的，但是员工却以在沃尔玛工作为快乐，因为他们在沃尔玛是合伙人，沃尔玛是所有员工的沃尔玛。

在物质利益方面，沃尔玛很早就开始面向每位员工实施其"利润分红计划"，同时付诸实施的还有"购买股票计划""员工折扣规定""奖学金计划"等。除了以上这些，员工还享受一些基本待遇，包括带薪休假，节假日补助，医疗、人身及住房保险等。沃尔玛的每一项计划几乎都是遵循山姆·沃尔顿先生所说的"真正的伙伴关系"而制定的，这种坦诚的伙伴关系使包括员工、顾客和企业在内的每一个参与者都获得了最大限度的利益。沃尔玛的员工真正地感受到自己是公司的主人，受到了应有的尊重。

到这里，所有人都会明白沃尔玛持续成功的根源。沃尔玛这一模式使很多企业很受启发。

有一家饭店企业把沃尔玛当作学习的榜样，"没有满意的员工，就没有满意的顾客。"饭店管理者把这句话当作是企业文化理念的精髓。饭店拥有员工近400人，除大部分为正式员工外，还有少部分为外聘人员，饭店领导首先为他们营造的是一个平等的工作环境与空间，一旦发现了人才，无论是正式员工与否都给予鼓励与培养。每年的春节，饭店高级管理人员都要为员工亲手包一顿饺子，并为员工做一天的"服务员"。每年，饭店还要对有特殊贡献的员工进行晋级奖励，目前得到晋级奖励的员工已占到全体员工总数的10%。饭店还定期组织员工外出旅游，节假日举办联欢会。如同沃尔玛取得的辉煌业绩一样，一分爱一分收获，领导的良苦用心得到了回报。由于该饭店员工的素质一流，几乎所有的宾客都能享受到"满意 + 惊喜"的服务。他们对此赞不绝口，饭店生意红红火火。

一个优秀的团队领袖，必然能充分尊重团队中每位成员。尊重能够凝聚人心，尊重能够产生力量。一个能够尊重他人的领袖和一个能够互相尊重的团队，将是不可战胜的。

尊重每一个人

西点毕业生、美国汽车保险公司总经理麦克·德莫特认为，军人并不是一个让人敬而远之的角色，事实上，当人们有困难时，肯定会把我们当作上帝的使者。军人永远是受大家欢迎的。

西点队员不管在回答什么问题时总是加上"长官"这一称呼。在新兵训练营的最初 12 个星期里，他们便被天天教导要这么做。一些来自粗野不文明的社区或家庭的年轻学员认为，向他人表示敬意是一种软弱的表现，可他们现在也要"长官、长官"地叫个不停，并向他们遇见的每一个人敬礼。

对于参观西点军校的普通民众来说，他们习惯了受到冷漠的待遇，初次看到身着军服的西点人所表现出的礼貌时，无不感到惊讶和满足。他们从来没有这么多人称他们为"先生"的经历，而这只有在他们再度参观军营的时候才有可能发生。在驱车离开基地的时候，他们甚至觉得自己很有地位，并且有点受保护的感觉。

西点学员的礼貌不是矫揉造作，而是一种习惯，但这种习惯来源于谦逊和自尊，以及为他人服务的愿望。这些都是在接受教官训练时养成的习惯。新兵训练营是一所优秀的礼仪学校，新兵在这里经过 3 个月的训练之后，从一个爱说俏皮话、爱高谈阔论的年轻人，变成了一个礼貌有加的西点人，张口就是"先生、女士"。当他人起身时也会起身，这种巨大的转变不仅让他们的父母、朋友大吃一惊，就连士兵自己也会觉得诧异。

西点军校对新学员有一项特殊的要求，每个人必须记住 1400 多名新学员的名字，这可不是件容易的事情。但事实上，每个学员经过一年的训练后，基本上能把基地 4000 多名学员的名字记得一清二楚，包括他们来自哪个州、是否单身。对于大多数人来说，没有比听到别人准确无误地说出自己的姓名更愉快的感觉了。

西点学员明白，记住其他学员的名字，而且很轻易地叫出来，等于给别人一个巧妙的肯定——因为人们对自己的姓名十分看重。不少人拼着命也要使自己的名字永垂不朽，这就是人性可以"抓住"的一个"弱点"。

每当西点学员新认识一个学员，就问清楚这个人的名字和相关情况，把这些牢牢地记在脑海里。即使一年以后，他还是能够拍拍这个人的肩膀，问他父亲和母亲好——难怪有这么多人对西点培养出来的学员感到不可思议！

相反，如果你不重视别人的名字，又有谁来重视你的名字呢？如果有一天你把别人的名字忘掉了，那你也很快会被他们遗忘。记住别人的名字，对他人来说，是所有语言中最甜蜜、最重要的声音。一个跟你谈话的人对他自己的需求和问题，要比对你的需求和问题感兴趣得多。

西点的学员都能做到专心地听讲，真诚地对不了解的事情产生兴趣，这一点是许多人能够感觉到的。这种专心诚意地听别人讲话，正意味着西点人能给予别人最大的赞美。它之所以难以被人发现，是因为这种"暗示性赞美"恰恰是人类隐秘的"通病"所需要的处方。许多人十分需要别人的重视，一旦得到满足，他便会对人十分客气，问题也会得以顺利解决。

胡佛执政期间，1932 年 5 月，25000 名第一次世界大战的退伍老兵请愿，要求给予"退伍军人补助金"。政府与他们多次对话，但双方互不相让。最后胡佛拒绝了退伍兵的一切要求，并于 7 月 28

日出动军队将退伍兵们赶出了华盛顿，但事情并没有解决。富兰克林·D.罗斯福上台后，退伍兵们又以更大的声势来请愿。同样，几次谈判未果。最后，罗斯福与其夫人埃莉诺商定由埃莉诺出马。埃莉诺与总统助手路易斯一同前往，到了退伍兵聚集地时，埃莉诺让路易斯留在车上，她独自一人下了车，毫不犹豫地踩着齐踝深的泥水，微笑着向退伍兵们走去。退伍兵见到满身泥水的总统夫人，备受感动，忙过去把她扶了过来。埃莉诺询问了他们的疾苦，倾听了他们的诉说，气氛非常融洽。他们还一齐唱了歌。最后，退伍兵们做出了让步，问题得到协商解决。

西点人知道，微笑是无所不能的通行证。当你尊重别人的时候，也能赢得别人的尊重。在互相尊重、融洽的环境里，没有什么困难是克服不了的。

根据马斯洛的需求层次理论，尊重和自我实现的需要是人最高层次的需要。人们都有一种"身份"意识，希望得到他人的认可和尊重。只有尊重他人，才能赢得他人的尊重，别人才会跟你交朋友、做生意。

对于企业来说，只有建立起老板尊重员工、员工尊重老板，以及大家共同尊重客户的价值理念，才能更好地凝聚所有成员，共同为企业的愿景奋斗。在这方面，IBM是大家学习的范式。

1914年，托马斯·沃森创办了闻名于世的IBM公司，同时沃森提出了"必须尊重每一个人"的宗旨。沃森认为，尊重人就要讲公平，只有平等对待、互相尊重，才能形成团结友爱的氛围。尤其是IBM公司的管理人员，对公司里任何员工都必须尊重，同时也希望每一位员工尊重顾客，即使同行竞争对象也应同等对待。

在IBM公司里，每间办公室、每张桌子上都没有任何头衔字样，洗手间也没有写着什么高层使用，停车场也没有为主管预留位置，也没有主管专用餐厅。IBM公司有这样一个非常民主的环境，每个人都同样受人尊敬。

一个尊重每一个人的企业必定拥有温馨的工作环境，每个人都在这里感到舒适与温暖，从而加强对企业的认同，提高工作效率。对待老板，对待同事，对待客户，我们又何尝不应该带上我们的尊重之心呢？它将使我们变得更加宽容、乐观，与人更好地接触交流、精诚合作。相反，如果你自视甚高，目中无人，不顾及他人面子，总有一天会吃苦头。

　　小田和小方在同一单位工作，在工作能力上小田比小方略胜一筹，这让小方生出一些嫉妒。工作中，小田经常获得奖励，小方最喜欢对他说："脑袋那么好使，叫咱这样的笨蛋脸往哪儿搁呀？"在背后，小方好像开玩笑似的对其他同事说："小田拍马屁的功夫了不得，弄得领导们服服帖帖……"

　　在一次讨论方案的会议上，小田刚刚说完自己的设想，请大家发表意见，小方就用不阴不阳的口气说："你下了这么大的功夫，搞了这么一堆材料，一定很辛苦，我怎么一句也没听懂呢？是不是我的水平太低，需要小田给我再来一点启蒙教育？"

　　顿时，小田的脸就气红了，说："有意见可以提，你用这种口气是什么意思？"显然，小方的话太刺激人了。

　　后来，小田升级的速度比小方快，当上了小方的上司。终于有一天，小田逮住小方的错误，借机将他调到单位下属的一个小厂接受锻炼去了。

　　小方就是吃了不尊重人的苦头。如果他不改掉这个毛病，恐怕以后还会得罪更多的人，更不用说跟人友好相处、紧密合作了。

　　美国诗人惠特曼说过："对人不尊敬，首先就是对自己的不尊敬。"你希望别人怎样对待你，你就应该怎样对待别人。你尊重人家，人家尊重你。不尊重别人就会深深地刺伤别人的自尊心，并且让别人翻脸，这样对自己也没有什么好处。与其如此，为什么不让我们换一种眼光，站在对方的位置上想问题，给别人一点尊重呢？要知道，尊重是人际关系的润滑剂，它将使许多问题变得更加容易解决。

解决问题的办法很简单，只要少一点抱怨，多一分尊重，事情就变得简单了。在这里，尊重并不是一种谄媚，而是理解与包容，是一种高明的解决之道，一种自尊自爱的表现。因为只有你尊重别人了，别人才会尊重你，才会觉得你有解决问题的诚意，愿意跟你商谈合作。

面对别人的批评，我们要用诚恳的态度来接受；面对别人的过失，我们不妨多一些理解与宽容；面对别人的疑惑，我们不妨热情地伸出我们的双手。别人就是你面前的一面镜子，在尊重他人的言行里，我们可以照出自己的人格，也能照出自己的锦绣前程。

尊重你的工作

无论是在校的还是已经毕业的，无论是活着的还是已经去世的，无论是在军事领域还是在其他领域的西点人，都有一种共通性，那就是尊重他们自己的事业，并为之感到自豪。

西点 67 届毕业生、现为通泰电子集团首席执行长威蒙顿尔说："我必须承认我的员工很好，他们活得很轻松。我经常强调，在公司中无论你是什么身份，是贵为 CEO，还是身为普通员工，都要看重自己所从事的工作，否定自己的劳动是个巨大的错误。罗马演说家德勒普立特说过：'所有的手工劳动都是卑贱的。'从此，罗马的辉煌历史就烟消云散。"

黎巴嫩著名哲理诗人纪伯伦在《先知》一书中，对工作的真谛做了深刻的诠释。诗中，当一位农夫请求上帝的先知给他讲一讲什么是劳作时，先知说道：

你们劳作，故能与大地的精神同步。
你们慵懒，就会变为季节的生客，落伍于生命的行列；那行列正带着庄严、豪迈和骄傲的顺从向永恒前进。

　　劳作时你们便是一管笛，时间的低语通过你的心化作美妙的音乐。

　　你们中谁愿做一根芦苇，当万物齐声合唱时，唯独自己沉寂无声？

　　总有人对你们说：工作是一种诅咒，劳动是一种不幸。

　　但我要对你们说：当你们工作时，你们便实现了大地最悠远的梦想，在梦想成形之初，这部分便已分派给你。

　　你们辛勤劳动，便是真正热爱生命。

　　在劳动中热爱生命，便是通晓了生命最深处的秘密。

　　然而，如果你们在痛苦中把降生称作折磨，把维持肉体生存当成写在额头的诅咒，那么我要回答，只有你们额头上的汗水，才能洗去那些字迹。

　　也有人对你们说生活是黯淡无光的，你们疲惫时重复疲惫者的话。

　　而我说生活的确是黑暗的，除非有了渴望；

　　所有渴望都是盲目的，除非有了知识；

　　一切知识都是徒然的，除非有了工作；

　　所有工作都是空虚的，除非有了爱。

　　当你们带着爱工作时，你们就与自己、与他人、与上帝合为一体。

　　……

　　工作就是有形可见的爱。工作是一个人在宇宙中的职责，通过热爱工作，人们真正融入宇宙之大爱，无论蜜蜂、蚂蚁还是灌木丛，他们都是宇宙中的一个小小职员，我们生命的本质与工作结合在一起。正所谓"在其位，谋其政"，如果不能工作或者很好地履行工作的任务，那么一天、两天，人们也许会感到轻松舒适，但是长此以往，必定会无比空虚，觉得活着失去了应有的意义。

　　诺贝尔经济学奖得主布堪纳特别迷恋橄榄球，是一位铁杆球迷，他从不错过每年1月间的季后赛。原本一场60分钟的比赛，少不了犯规、换场、中场休息、伤停补时、教练叫停等，这样要耗费很多时间。花这么长的时间在电视机前看比赛，布堪纳感到很浪费时间，甚至产生了罪恶感。然而，球赛又不能不看，为了在心理上找到平衡，他决定给自己找点事干。他记得曾经从后院捡了两大桶核桃，于是就把这些核桃搬到客厅里，一边看电视，一边敲核桃，这样或许能心安理得一些。

布堪纳边看球边敲核桃，还在不停地思考：为什么自己长时间坐在电视机前会有罪恶感？为什么自己这么一会儿没工作心里就觉得不踏实？布堪纳在不断地敲核桃的过程中悟出一个道理：社会赞许工作，工作不仅对个人有好处，对其他人也有好处。如果一个人饱食终日，无所事事，那么除了他自己的得失之外，别人也享受不到他从事生产带来的"交易价值"。

工作很辛苦，但同时工作也能给人带来充实与快乐，因为工作是自我价值实现的一种方式，是我们生存的根本。很难想象，一个失去工作的人能够真的获得安全感。

阿那哈斯是古希腊最知名的智者之一。有一次，一个人问他："尊敬的阿那哈斯，请问什么样的船才是最安全的船？"阿那哈斯回答："是那些离开了大海的船。"

那人说："哦，我明白了，按这个道理来说，那些离开道路的车辆，离开战场的士兵，同样是最安全的。"

阿那哈斯告诉他："是的。但是，有多少人愿意得到这样的安全呢？丧失工作的权利、没有激情、无所事事，也无所用心，这对于一个人来说也许是最悲惨不过的事了。"

工作是合乎本性的事情，不但工作需要我们，我们也需要工作，有工作信仰的人才是一个完整、高贵、气宇轩昂的人。

在毕淑敏的《美容师的作品》中有这么一个故事：

一个著名商家为了举行一个从服装到化妆品的盛大促销会，别出心裁地想出了一个很吸引人的项目——造就绅士。他们从城市某个最肮脏的角落里找来了一个衣衫褴褛、面容晦暗的流浪汉，并给他拍照存档。

之后，公司又请来了一名高级美容师。这位称职的美容师用芬芳的洗液给流浪汉沐浴理发，用名牌剃须刀给他刮胡子，给他做了彻底的面部毛孔清洁，做面部面膜保养，并给他敷上一层又一层特效的润肤品、面霜和眼霜……然后根据他的身高、体型和肤色，搭配了最适宜的衬衣、西装、领带，甚至还有一支很棒的手杖和一顶昂贵的帽子……

于是，众目睽睽之下，一个肮脏颓废的流浪汉变成了一位仪表堂堂的绅士。这种包装转变让消费者心动不已，公司的销售业绩立即飙升。

同时，参会的一位经理决定雇用这名容光焕发的绅士，让他第二天到公司报到，但是这个流浪汉一直没来。一个星期之后，这位经理在垃圾桶边找到了正在掏垃圾吃的流浪汉，他的全身都散发着恶浊的气味，一切的华美荡然无存。

但是好心的经理还是决定把他带走，并给他安排了工作，因为只有工作和信仰才能真正改变一个人。

两年之后，当人们看到这位流浪汉的时候，他已经是那家公司的副经理，并正在宽敞明亮的办公室里与经理优雅地商谈着公司的未来规划。

当我们每天忙得疲惫不堪的时候，我们常常希望以后再也不用工作，可以天天睡到自然醒。但是，正如蜜蜂天生就要采集花粉酿蜜、小鹿天生就要在森林里奔跑、雄鹰天生就要在天空翱翔、鱼儿天生就要在水里游泳那样，工作原本就是人存在于宇宙中的形式与职分。每个人都需要通过努力工作来实现自我价值。

造物主是最伟大的，当它赋予每个人工作权利的同时，也为每个人都留下了一个根，这个根就是存在于工作背后的一种无形的精神力量。人类就是靠着这股生生不息的力量从蒙昧野蛮一步步走进了文明时代。我们也是靠着这股力量不断地在工作中超越自我。

罗马皇帝马可·奥勒留在他的《沉思录》中是这样说的："那些热爱他们各自的技艺的人都在工作中忙得筋疲力尽，他们没有洗浴，没有食物；而你对你的本性的尊重甚至还不如杂耍艺人尊重杂耍技艺，舞蹈家尊重舞蹈技艺，聚财者尊重他的金钱，或者虚荣者尊重他小小的光荣。这些人，当他们对一件事怀有一种强烈的爱好时，宁肯不吃不睡也要完善他们所关心的事情。"

大发明家爱迪生说："在我的一生中，从未感觉是在工作，一切都是对我的安慰……"对工作的尊重是一种高贵的品质，那些尊重并热爱他们技艺的人总是在工作中忙得筋疲力尽，而他们自己也没有把这种忙碌当作是苦役，而是一种追逐快乐的过程。因为工作给其成就感，工作令其兴奋、令其感到生命的充实，感到不断超越的骄傲。

比尔·盖茨考入哈佛大学之后，由于对计算机的热爱，他选择了退学，进入计算机行业。这种热爱和全身心的投入使他一跃成了世界巨富。即使钱财无数，比尔·盖茨最感兴趣的是他的事业，他每周的工作时间都在 60～80 个小时之间，他的生活极其忙碌，3 天不睡觉对他来说如同家常便饭。据一位朋友说，他通常 36 个小时不睡觉，然后倒头睡上 10 来个小时。以至于微软公司里的一名资深女职员在私底下抱怨说："当你看到盖茨时，总忍不住感到疑惑，昨晚他睡在哪里？办公室？"你总想走上前去问他："嗨，盖茨，我不知你是否每天淋浴，如果是，为啥不顺便洗洗头？"正是在比尔·盖茨的强烈感召下，忙碌工作成了微软的作风。一名程序员说："你身处这样一个环境，周围的人都是这样刻苦，连掌管这个公司的人也是如此，那么你也不得不如此。"在最繁忙的阶段，甚至有人把睡袋放进工作室，整整一个月足不出户。当然这种忙碌也是有丰厚的回报的，在微软公司，已有 200 多名员工成了百万富翁。

我们想要在工作中取得成就，首先就要从尊重自己的工作开始，只有尊重自己的工作，我们才会用心地去做工作中的每一件事情，使工作更有意义，使成功离我们更近！为了这个信念而忙碌的人即使退休了，也不会停止工作。

1943 年，由于美国威斯康星大学规定老教授年满 70 岁便要强制退休，所以该校的植物学教授德格博士被迫退休。但是，退休丝毫不能减退他对工作的热爱与执着。退休后他又受聘于雷德里化验所的制药厂，作为顾问并担任独立工作。经过无数个昼夜的单调忙碌之后，他终于研究出了金霉素和四环素，挽救了无数的生命。

人生苦短，当你热爱你的工作的时候，一切的人生哀愁都显得那么微不足道。如果短暂的生命只是黑夜里划过天际的一颗流星，那么你就要燃烧你所有的热情，让它更加明亮璀璨、动人心魄。

如果一个人轻视自己的工作，将它当成低贱的事情，那么他绝不会尊敬自己。因为看不起自己的工作，所以备感工作艰辛、烦闷，自然也不会做好工作。

美国独立企业联盟主席杰克·法里斯曾对人说起少年时的一段经历。

在杰克·法里斯 13 岁时，他开始在他父母的加油站工作。那个加油站里有 3 个加油泵、两条修车地沟和一间打蜡房。法里斯想学修车，但他父亲让他在前台接待顾客。

当有汽车开进来时，法里斯在车子停稳前就站到车门前，然后检查油量、蓄电池、传动带、胶皮管和水箱。法里斯注意到，如果他干得好的话，顾客大多还会再来。于是，法里斯总是多干一些，免费帮助顾客擦去车身、挡风玻璃和车灯上的污渍。

有段时间，每周都有一位老太太开着她的车来清洗和打蜡，这个车的车内地板凹陷极深，很难打扫。而且，与这位老太太极难打交道，每次当法里斯给她把车准备好时，她都要再仔细检查一遍，经常让法里斯重新打扫，直到清除完每一缕棉绒和灰尘她才满意。

终于，有一次，法里斯实在忍受不了了，他不愿意再伺候她了。法里斯回忆道，他的父亲告诫他说："孩子，记住，这就是你的工作！不管顾客说什么或做什么，你都要做好你的工作，并以应有的礼貌去对待顾客。"

父亲的话让法里斯深受震动，法里斯说道："正是在加油站的工作使我学习到了严格的职业道德和应该如何对待顾客，这些东西在我以后的职业生涯中起到了非常重要的作用。"

那些看不起自己工作的人，往往是一些被动适应生活的人，他们不愿意奋力崛起，努力改善自己的生存环境。对于他们来说，在政府部门工作更体面，更有权威性；他们不喜欢商业和服务业，不喜欢体力劳动，自认为应该活得更加轻松，应该有一个更好的职位，工作时间更自由。他们总是固执地认为自己在某些方面更有优势，会有更广泛的前途，但事实上并非如此。莱伯特对这种人曾提出过警告："如果人们只追求高薪与社会地位，是非常危险的。它说明这个民族的独立精神已经枯竭，说得更严重些，一个国家的国民如果只是苦心孤诣地追求这些职位，会使整个民族像奴隶一般地生活。"

反观那些严肃对待工作的人，在他们的心中，职业象征着一个人的尊严，工作使他们更深刻地理解了"人生来是平等的"意义。他们把工作当成人生中极为重要的一部分，兢兢业业，一丝不苟，竭尽全力做好每一件工作，在其所从事的领域中表现卓越。当然，他们的付出也得到了相应的回报，这是毋庸置疑的。

在宗教改革领袖路德及其后来路德教派对德国人的职业精神的影响中，有3个层面非常重要：

一是将工作视为神圣之事，并以虔诚的态度去从事工作；

二是尊重自然形成的分工与合作，不过分注重职业的形式；

三是安心于本职工作，有良好的职业精神。

正是凭借工作态度最好的工人，最好的分工与合作精神，以及最优秀的职业精神，德国产品后来居上，成为全世界精良产品的代名词。

抱怨现实的人们，往往不能做到这一点，他们常自诩具备合作精神，但是却不能承担自己的工作，他们认为只有独自完成伟大的事业才是值得尊重的，对于那些由整体分工形成的被世俗标准看低的工作任务不能虔诚对待。这当然不是一种值得欣赏的职业精神。

其实，任何一项伟大的工作，都被划分为无数个部分，尤其是在现代这个分工精细化的时代。微软公司在向世界正式推出Windows98产品时，进行了一场声势浩大的市场推广活动，在这个大团体之中，每一位员工都有明确的分工，例如，销售主管负责销售业务的拓展，商务主管负责与分公司协调，客户主管负责完成客户服务方面的工作等。这次活动也整合了营销沟通中的各个层面，包括公共关系、事件行销、广告和零售刺激。所有这些沟通活动体现了微软营销部门和所有参与这次活动的其他公司的统一团队精神。这场令人赞叹不已的营销活动在全球持续进行，历时24个小时，活动费用超过2亿美元。

分工之后，每一项小而具体的工作的意义都与整个工作的意义等同。同理，在宇宙间，每一种生灵都各司其职，每一个种群中的各个具体生物也都有自己的工作，宇宙的义务就这样被具体地分为不同的部分和方面，遵循这些部分，是每个人的义务。

只要心不卑微，任何工作都是重要的，只是内容不同而已。一旦用心去做了，就一定能够从中寻找到快乐和价值感！

世界著名的希尔顿饭店有位清洁员，他在这家饭店工作了将近20年，一直在洗手间做保洁工作。洗手间总是被他打扫得干干净净，他甚至自己掏钱在洗手间放上一瓶高级香水，每次客人进来都能闻到一股芳香的味道。客人们对他的服务交口称赞，有的甚至冲着他的良好服务而专门住进这家饭店。他的朋友都替他惋惜，劝他换份工作，他却骄傲地说："我为什么要换工作呢？我的工作就是最好的，看到客人们对我的工作的认可，这就是我最大的幸福了，我又何必换工作呢？"

这位清洁员只是做着一份平凡的工作，却因为良好的工作态度而使自己脱颖而出，得到老板与顾客的好评。

古罗马斯多葛派哲学家们曾经说过："没有卑微的工作，只有卑微的工作态度。"如果一个人轻视他自己的工作，那么他就会将自己的工作做得一团糟。如果一个人认为他的工作辛苦、烦闷，那么他就不会做好工作，在这一工作岗位上也无法发挥他内在的特长。其实任何一种工作都有它存在的价值，工作没有高低贵贱之分，对待自己的工作，我们要存一份敬畏之心。

人之所以能，是因为相信能

　　一次西点军校学员的军事演习正在进行。一位指挥官的吉普车陷进了泥里，他看见附近几个学员正懒洋洋地坐在地上，便叫他们来帮忙。

　　"很抱歉，先生，我们已经阵亡了，什么也不能干。"

　　指挥官转向他的司机："卫兵！赶快从这些死尸里找两具出来垫到轮子底下，好让我们快点上路。"

　　他的车很快就被推了出来。

　　"没有什么不可能"，是西点军校传授给每位学员的工作理念。它强化的是每一位学员积极动脑，想尽一切办法，付出艰辛的努力去完成任何一项任务，而不是为没有完成任务去寻找托词。

　　据说西点军校和美国陆军不管遇到什么事、什么任务都只有一个口号和一个态度，那就是"We can do it"（我们肯定能完成它）。

　　北京大学国际 MBA 美方院长杨壮，曾访问一个退休的西点将军，问了他这样一个问题："一生当中，最让你感到沮丧的事是什么？"老将军思索了长达 10 秒钟，然后坚定地说："没有，我从来都蔑视任何挑战。"

　　每一个从西点走出来的人，自信都来自于实实在在的"4 年的苦日子生涯"，来自于百折不挠地完成许多"不可能完成的任务"。

人之所以能，是因为相信能。生命的能量到底有多大？也就是人的潜能到底可以开发到何种程度？相信下面的故事会给你一个答案。

一个铁块的最佳用途是什么呢？第一个人是个技艺不纯熟的铁匠，而且没有要提高技艺的雄心壮志。在他的眼中，这个铁块的最佳用途莫过于把它制成马掌，他为此竟还自鸣得意。他认为这个粗铁块每磅只值两三分钱，所以不值得花太多的时间和精力去加工它。他强健的肌肉和三脚猫的技术已经把这块铁的价值从1美元提高到10美元了，对此他已经很满意。此时，来了一个磨刀匠，他受过一点更好的训练，有一点雄心和一点更高的眼光，他对铁匠说："这就是你在那块铁里见到的一切吗？给我一块铁，我来告诉你，头脑、技艺和辛劳能把它变成什么。"他对这块粗铁看得更深些，他研究过很多锻冶的工序，他有工具——有压磨抛光的轮子，有烧制的炉子。于是，铁被熔化掉，碳化成钢，然后被取出来，经过锻冶，被加热到白热状态，然后投入到冷水或石油中以增强韧度，最后细致耐心地进行压磨抛光。当所有这些都完成之后，奇迹出现了，他竟然制成了价值2000美元的刀片。铁匠惊讶万分，因为自己只能做出价值仅10美元的粗制马掌。经过提炼加工，这块铁的价值被大大提高了。另一个工匠看了磨刀匠的出色成果后说："如果依你的技术做不出更好的产品，那么能做成刀片也已经相当不错了。但是你应该明白这块铁的价值你连一半都还没挖掘出来，它还有更好的用途。我研究过铁，知道它里面藏着什么，知道能用它做出什么来。"

与前两个工匠相比，这个匠人的技艺更精湛，眼光也更犀利，他受过更好的训练，有更高的理想和更坚忍的意志力，他能更深入地看到这块铁的价值——不再围于马掌和刀片——他把生铁变成了最精致的绣花针。他已使磨刀匠的产品的价值翻了数倍，他认为他已经榨尽了这块铁的价值。当然，制作肉眼看不见的针头需要有比制造刀片更精细的工序和更高超的技艺。但是，这时又来了一个技艺更高超的工匠，他的头脑更灵活，手艺更精湛，更有耐心，而且受过顶级训练，他对马掌、刀片、绣花针不屑一顾，他用这块铁做成了精细的钟表发条。别的工匠只能看到价值仅几千美元的刀片或绣花针，他那双犀利的眼睛却看到了价值 10 万美元的产品。

也许你会认为故事应该结束了，然而，故事还没有结束，又一个更出色的工匠出现了。他告诉我们，这块生铁还没有物尽其用，他可以让这块铁造出更有价值的东西。在他的眼里，即使钟表发条也算不上上乘之作。他知道用这种生铁可以制成一种弹性物质，而一般粗通冶金学的人是无能为力的。他知道，如果锻铁时再细心些，它就不会再坚硬锋利，而会变成一种特殊的金属，富含许多新的品质。这个工匠用一种犀利的、几近明察秋毫的眼光看出，钟表发条的每一道制作工序还可以改进；每一个加工步骤还能更完善；金属质地还可以精益求精，它的每一条纤维、每一个纹理都能做得更完善。于是，他采用了许多精加工和细致锻冶的工序，成功地把他的产品变成了几乎看不见的精细的游丝线圈。一番艰苦劳作之后，他梦想成真，把仅值 1 美元的铁块变成了价值 100 万美元的产品，同样重量的黄金的价格都比不上它。

但是，铁块的价值还没有完全被发掘，还有一个工人，他的工艺水平已是登峰造极。他拿来一块钢，精雕细刻之下所呈现出的东西使钟表发条和游丝线圈都黯然失色。待他的工作完成之后，你见到了几个牙医常用来勾出最细微牙神经的精致钩状物。1 磅这种柔细的带钩钢丝，如果能收集到的话，要比黄金贵几百倍。

铁块尚有如此挖掘不尽的财富，何况人呢？我们每个人的体内都隐藏着无限丰富的生命能量，只要我们有自信，不断去开发，它就可以是无限大。工匠们都在生铁里看到了经过加工后的成品，我们也应该在自己的生活中看到灿烂的前途，并去把它化为现实。如果我们只目光短浅地看到马掌或刀片，我们所有的努力与辛劳都不可能产生"钟表发条"与"游丝线圈"。我们必须目光远大，必须勇于拼搏、经受考验并付出必要的代价，这样我们就能把我们的生命能量发挥到极致，而且还要坚信，我们所经受的痛苦和所做的努力最终都会成为一种财富。

在普通人看来不可能的事，如果当事人能从潜在意识去认为"可能"，也就是相信可能做到的话，事情就会按照那个人信念的强度如何，而从潜意识中流出极大的力量来。这时，即使表面看来不可能的事，也可以完成。

希尔认为一个人是否成功，就看他的态度了！成功人士与失败者之间的差别是：成功人士始终用最积极的思考、最乐观的精神和最辉煌的经验支配和控制自己的人生。失败者刚好相反，他们的人生是受过去的种种失败与疑虑所引导和支配的。

有些人总喜欢说，他们现在的境况是别人造成的，环境决定了他们的人生位置。但是，我们的境况不是周围环境造成的。说到底，如何看待人生，由我们自己决定。纳粹德国集中营的一位幸存者维克托·弗兰克尔说过："在任何特定的环境中，人们还有一种最后的自由，就是选择自己的态度。"

马尔比·D.巴布科克说："最常见同时也是代价最高昂的一个错误，是认为成功有赖于某种天才、某种魔力、某些我们不具备的东西。"可是成功的要素其实掌握在我们自己的手中，成功是正确思维的结果。一个人能飞多高，并非由人的其他因素，而是由他自己的态度所决定的。

被人们称为"全球第一CEO"的美国通用电气公司前首席执行官杰克·韦尔奇说过："所有的管理都是围绕'自信'展开的。"凭着这种自信，在担任通用电气公司首席执行官的20年中，韦尔奇显示了非凡的领导才能。韦尔奇的自信，与他所受的家庭教育是分不开的。韦尔奇的母亲对儿子的关心主要体现在培养他的自信心方面。因为她懂得：首先要有自信，然后才能有一切。

韦尔奇从小就患有口吃症，说话口齿不清，因此经常闹笑话。韦尔奇的母亲想方设法将儿子这个缺陷转变为一种激励。她常对韦尔奇说："这是因为你太聪明，没有任何一个人的舌头可以跟得上你这样聪明的脑袋。"于是从小到大，韦尔奇从未对自己的口吃有过丝毫的忧虑。因为他从心底相信母亲的话，他的大脑比别人的舌头转得快。在母亲的鼓励下，口吃的毛病并没有阻碍韦尔奇学业与事业的发展。而且注意到他这个弱点的人大都对他产生了某种敬意，因为他竟能克服这个缺陷，在商界出类拔萃。美国全国广播公司新闻部总裁迈克尔就对韦尔奇十分敬佩，他甚至开玩笑说："杰克真有力量，真有效率，我恨不得自己也口吃。"

韦尔奇的个子不高，却从小酷爱体育运动。读小学的时候，他想报名参加校篮球队，当他把这想法告诉母亲时，母亲便鼓励他说："你想做什么就尽管去做好了，你一定会成功的！"于是，韦尔奇参加了篮球队。当时，他的个头几乎只有其他队员的四分之三高。然而，由于充满自信，韦尔奇对此始终没有丝毫察觉，以至几十年后，当他翻看自己青少年时代在运动队与其他队友的合影时，才惊奇地发现自己几乎一直是整个球队中最为弱小的那一个。

青少年时代在学校运动队的经历对韦尔奇的成长很重要。他认为自己的才能是在球场上训练出来的。他说："我们所经历的一切都会成为我们信心建立的基石。"在整个学生时代，韦尔奇的母亲始终是韦尔奇最热情的拥护者。亲戚、朋友和邻居几乎都听过韦尔奇母亲告诉他们的关于她儿子的故事，而且在每一个故事的结尾，她都会说，她为自己的儿子感到骄傲。

在培养儿子自信心的同时，她还告诉儿子，人生是一次没有终点的奋斗历程，你要充满自信，但无须对成败过于在意。

韦尔奇的自信源于他从小培养起来的一种心态，而这样的心态又让韦尔奇受益终生，最终帮助他成为商界精英、一代奇才，这就是自信的力量。

西点军校教官约翰·哈利在教导学生的时候说，"没有办法"或"不可能"使事情画上句号，"总有办法"则使事情有突破的可能。

人之所以能，是相信能。再冷的石头坐上 3 年也是会热的，关键在于你相信石头会热，然后再坚持去做。这里有很重要的两点：相信和坚持。如果你只是相信能而不坚持去做，那么这句话就失去了它的意义了。很多人知道做什么事是正确的、是能够做到的、是会成功的，但真正坚持下去的没几个。坚定自己的信念，持之以恒不放弃，你就会进步、成长、成功。

信心有多大，世界就有多大

在西点军校的考试前夜，麦克阿瑟感到非常焦虑，母亲告诉他："我的儿子，你必须相信你自己，否则没有人相信你；只要你抛弃了内心的怯懦，你一定能赢；尽管你没有把握成为第一，但你必须做最好的自己。"当西点军校的考试成绩公布时，麦克阿瑟名列第一，后来，凭着自信，他成为美国著名的将军。

西点的学生都很阳光、积极、意气风发、沉着稳健。当他看着你时，眼睛总是明亮中透着坚毅，焦点在你的眼睛上，没有任何恍惚的目光，让你立刻感到他积极的心态和战胜一切的能力和信心。

西点军校是这样定义自信的："自信心就是相信自己在任何情况下，即便是受到压力，又得不到所需要信息的情况下，也能够正确无误地采取行动。"自信心来自于个人的能力，它是以掌握的技能为基础的，有能力才能担当艰巨的任务，贡献个人的力量。自信也来源于主动寻求各种可以考验能力、提供学习机会的挑战。没有任何挑战能让你投降，这就是自信的精髓。

人与人交往，常常是意志力与意志力的较量，不是你影响他，就是他影响你。而我们要想让别人相信自己，首先你就得相信自己。只有强大的自信才能感染别人，影响别人，进而征服别人，让别人因为受到你的影响而相信你。

1988 年 6 月，中国科学院院长周光召到香港访问，柳传志得知后，马上让当时联想的外事负责人王晓琴盯住负责安排周光召行程的特别助理马雪征，想办法说服她让周院长给联想剪彩。

但马雪征并不想去，马雪征比香港人清楚，联想集团只是一家小公司，不是外界纷传的大集团，在等级森严的科学院中，联想的总经理最多算个处级干部，与部级的周院长隔着遥远距离。

周光召在香港见的是威尔逊总督，见完威尔逊总督，就开始挨个见大学的校长，然后见贸易发展局局长。他的行程安排已满，联想名气又小，马雪征哪里愿意周光召去为柳传志的小公司剪彩。

然而王晓琴黏在那里，她并不理会马雪征的借口。她笑眯眯地站在门口不走，马雪征没办法只好让她坐。王晓琴一坐下就开始说联想现在怎么困难，但前景如何光明。马雪征被她说动了。

当马雪征第一次接触联想，印象极其深刻。她原以为既然香港灯红酒绿，香港联想一定甚是阔气，谁知竟如此破烂。她在柴湾见识了联想的那间小办公室。"我确实没有想到，科学院的科学家柳传志，能在这地方上班，而且还自豪得不得了。"

柳传志邀请周光召参观公司的办事处。马雪征想，那办事处再差也得是玻璃墙的写字楼才是，谁料想完全不是。她被柴湾吓了一跳，觉得那是在深圳都见不着的破地方。"甭说深圳，"她说，"像惠州都见不着，破成那样。叫作工业大厦，其实只有一部客梯，剩下全是货梯。"那些大货梯的大台阶都很高，为了铲车"卡板"。

她随周光召走进去，还以为人人西装革履，谁知那儿的人全光着膀子，搭条毛巾，踏双人字拖鞋，穿着大裤衩，推着卡板。马雪征记得，柳传志对周光召客气道："您先进。"他的确得让周光召先进去，然后卡板才能进去。周光召跟他们一起挤到电梯最里边。电梯停下来的时候，得卡板先出去，他们才能出去。

参观完了办公室，柳传志又颇为戏剧性地邀请周光召坐船游河，说是要汇报工作。坐在船上，风拂浪激，乘长风破万里浪的感觉与在柴湾破办公室中有天壤之别。柳传志向周光召讲了他的三部曲，讲了整个联想战略布局。他斩钉截铁的语气宣告着仿佛一切尽在掌握之中。

马雪征想起这段往事就想笑："你要坐在船上听，会觉得这是一家有宏伟蓝图的公司。但想到那部电梯和那间办公室，你根本不可能觉得它会很伟大。怎么在那种地方办公的人会有这么一个蓝图？"她开始觉得柳传志是一个奇特人物。

马雪征后来在海淀剧院参加了联想的一次誓师会，听了柳传志的讲话。柳传志在那里声嘶力竭，讲的话又特别震撼。她又在想：这个公司怎么这么奇特？那么丁点儿的一个公司，为什么会有那么多人在那儿？她不知道那些人是公司员工还是从外面弄来凑数的。

在为香港联想剪彩后，过了两年，马雪征加入了这家奇特的公司。

信心有多大，舞台就有多大。自信，是一种感染力，是一种通向成功的先兆。即使是身处困境，别人也会从你的自信中看到你未来的希望。相反，如果连你自己都不相信自己了，还如何能企望别人来相信自己？

福布斯集团的主编大卫·梅克在下属们忙着组稿时，他总会传话说："在这期杂志出版之前，你们中有一个人将被解雇。"听到这话，大家都很紧张。有一次，一个员工实在紧张得受不了，就去问大卫·梅克："大卫，你要解雇的人是不是我？"没想到大卫·梅克却说："我本来还没有考虑谁被解雇，既然你找上门来，那就是你了。"就这样，那名员工被解雇了。

这就是不自信的代价，如果你没有自信，觉得自己很弱的话，别人也往往会随着你的思路和暗示认为你就是那个最差的人。不要抱怨，这就是事实。

相信自己，是相信自己的优势，相信自己的能力，相信自己有权占据一个空间。只有相信自己才能让周围形成一股通往成功的暖流。

信心是成功的秘诀。拿破仑·希尔说："我成功，因为我志在战斗。"若没有毅力和信心，成功便会离他而去。

从22岁到54岁，罗纳德·里根从电台体育播音员到好莱坞电影明星，整个青年到中年的岁月都陷在文艺圈内，从来没想过要从政，更没有什么经验可谈。这一现实，几乎成为里根涉足政坛的一大拦路虎。然而，共和党内保守派和一些富豪们看中了里根的从政潜质，竭力怂恿他竞选加州州长，于是里根毅然决定放弃大半辈子赖以为生的影视职业，开始了他的政治生涯。

当然，里根要改变自己的生活道路，并非突发奇想，而是与他的知识、能力、经历、胆识分不开的。因为信心毕竟只是一种自我激励的精神力量，若离开了自己所具有的条件，信心也就失去了依托，难以变希望为现实。大凡想大有作为的人，都须脚踏实地，从自己的脚下踏出一条远行的路来。有两件事树立了里根角逐政界的信心：

第一件事是他受聘担任通用电气公司的电视节目主持人。这使得他有大量机会认识社会各界人士，全面了解社会的政治、经济情况。他从中获得了大量信息，从工厂生产、职工收入、社会福利到政府与企业的关系、税收政策，等等。里根把这些话题吸收消化后，通过节目主持人的身份反映出来，立刻引起了强烈的共鸣。为此，该公司一位董事长曾意味深长地对里根说："认真总结一下这方面的经验体会，为自己立下几条哲理，然后身体力行地去做，将来必有收获。"这番话对里根产生弃影从政的信心功不可没。

另一件事是他加入共和党后，为帮助保守派头目竞选议员、募集资金，他利用演员身份在电视上发表了一篇题为《可供选择的时代》的演讲。专业化的表演才能使他大获成功，演说后立即募集到100万美元，以后又陆续收到不少捐款，总数达600万美元。《纽约时报》称之为美国竞选史上筹款最多的一篇演说。里根一夜之间成为共和党保守派心目中的代言人，得到了党内大多数人的支持。

里根在好莱坞的好友乔治·墨菲，这个地道的电影明星，与担任过肯尼迪和约翰逊总统新闻秘书的老牌政治家塞林格竞选加州议员。在政治实力悬殊巨大的情况下，乔治·墨菲凭着 38 年的舞台经验，唤起了早已熟悉他形象的老观众们的支持，从而大获成功。结果表明，演员的经历不但不是从政的障碍，而且如果运用得当，还会为争取选票、赢得民众发挥作用。里根发现了这一秘密，决定在塑造形象上做文章，充分利用自己的优势——五官端正、轮廓分明的好莱坞"典型的美男子"的风度和魅力，还邀约了一批著名的大影星、歌星、画家等艺术名流来助阵，使共和党的竞选活动别开生面、大放异彩，得到了众多选民的支持。

但里根的对手、多年来一直连任加州州长的老政治家布朗却对里根的表现不以为然，认为这只不过是"二流戏子"的滑稽表演。他认为无论里根的外部形象怎样光辉，其政治形象毕竟还只是一个稚嫩的婴儿。于是他抓住这一点，以毫无政坛工作经验为实进行攻击。而里根却因势利导，干脆扮演一个朴实无华、诚实热心的"平民政治家"。里根固然没有从政的经历，但有从政经历的布朗恰恰有更多的失误，给人留下把柄，让里根得以辉煌。二者形象的对照是如此的鲜明，里根再一次清除了障碍。

里根在竞选过程中，曾与竞争对手卡特进行过长达几十分钟的电视辩论。面对摄像机，里根淋漓尽致地发挥出表演才能，妙语连珠、挥洒自如，在亿万选民面前完全凭着当演员的本领，占尽上风。相比之下，虽然从政时间长、但缺少表演经历的卡特却显得黯然失色。

里根成功的根源是自信，自信使他超越了障碍本身——缺少从政经验。经历固然是人生宝贵的财富，但有时也会成为成功的障碍。只是有的人将经历视为追求未来的障碍，有的人则将经历视为实现目标的法宝，里根选择了后者。

其实成功者也同样遭遇过失败，但坚定的信心使他们能够通过搜寻薄弱环节和隐藏的"门"，或通过吸取教训来获得成功。鸿运高照其实是他们信心坚定的结果。里根的成功经验表明：信心对于立志成功者具有重要意义。信心的力量在战斗者的斗争过程中起决定作用，事业有成之人必定拥有无坚不摧的信心。有人说："成功的欲望是造就财富的源泉。"这种自我暗示和潜意识被激发后会形成一种信心，转化为积极的情感，它会激发人们无穷的热情、精力和智慧，帮人成就事业，所以信心常常能改变人的命运。

事实上，每个成功者都具备一股巨大的力量——信心，在支持并推动他们不断前进。拿破仑·希尔说："成功者就是那些拥有坚定自信心的普通人。"

一个有眼力的人，能够从过路人中识别出成功者来。因为一个成功者，他走路的姿势、举止，无不显示出他的自信心，从他的气势上，可以看出他是能够自己做主、有自信心和决心完成任何工作的人。一个能自主、有自信心和决心的人，就拥有了成功的资本，因为自信能够让他的潜能全部燃烧、释放。

要想获取事业的成功，必须拥有坚定的自信心，有了它，你的潜能就可以取之不尽、用之不竭。一个没有自信心的人，无论有多大潜能，都无法开发、利用，也就不能抓住任何机会。当遇到重要关头时，总是无从把所有的潜能都表现出来，因此明明可以成功的事，往往弄得惨不忍睹。你之所以缺乏自信心，是因为你不相信自己具有自信力的缘故。你必须从心理、言行、态度上显示出你强大的自信力，这样在不知不觉中，别人就会开始对你产生信任，而你自己也会逐渐觉得自己确实是可以信赖的人了。

一个光明磊落、充满生气、坚信成功的人，到处都受人欢迎；一个老是唉声叹气、专想着失败的人，谁都不愿跟他来往。世上唯有那些满怀希望、愉快活泼的青年，才能持续不断地发展自己的事业。对于那些满面愁容、无精打采的人，人们总是盼望能早些避开。一个有决心的人，他的行为谈吐无不表现出他的坚定与自信。自信的人往往意志坚强，觉得自己有战胜一切的把握。世上最受人信任、令人钦佩的就是这种人。最遭人厌恶、鄙视的则是那些犹豫多疑、拿不定主意的人。一切成功和胜利都属于在各方面都自信的人。那些即使遇到机会也没有自信必能成功的人，只能得到失败。唯有打定主意、有勇气奋斗的人，才能对事业发生兴趣，才能自信一定能够成功。

那些在生存竞争中获得胜利的人，他们的一举一动无不充满信心，他们的非凡姿态也定将使你敬仰有加。一眼望去，就可以看出他们浑身充满活力。那些被挤倒在地、打了败仗的人，却永远是那副不死不活的样子；他们没有决断力、自信力；他们从自己的行动举止、谈吐、态度上，给人留下的就是一副懦弱无能的印象。喷泉的高度是无法超过它的源头的，一个人做事也是一样，他的成就绝不会超过自己所相信的程度。如果你已经有了适当的发展基础，而且坚信自己的力量确能愉快地胜任，就应该立刻打定主意，不要再发生丝毫动摇。即使你遭遇一些困难和阻力，也千万不要想到后退。只有这样，才能完全发挥你的潜能，取得成功。

在迈向成功的征途中，荆棘有时比玫瑰花的刺还要多。它们挡在你面前，正是考验你究竟意志是否坚定，力量是否雄厚的时候。这时你应当坚信，任何障碍，只要你不气馁、不灰心，终究有法子排除。只要两眼紧盯着目标，有自信力，一定有成就事业的能力，那就说明你在精神上已经到了成功的地步，而事实上的成功也会尾随而至。你要排除一切旁人的意见，打消一切莫须有的空念头，遇事立刻做出判断，时时显现出对任何事都有把握的态度，切勿气馁。你所下的决心，必须坚定如山，无论你受到何种打击与引诱，都不可再动摇——这是战胜一切的诀窍。世上真不知有多少失败者，只因没有坚强的自信力，最终只能成为心神不定、犹豫怯懦之辈，他们三心二意，永无决定事情的能力。他们自身明明有着一种成功的潜能，却被自己活生生地推了出去。

　　无论你穷到什么地步，千万不要失去最可贵的自信力！你昂起的头，切勿被穷苦压下去；你坚决的心，切勿因恶劣的环境而屈服。你应该坚决地说：你全身的潜能已经足以完成那个事业，绝不会有人来把你的这股力量抢了去。你应该从自己的个性改起，养成一种坚强有力的个性，把曾被你赶走的自信力和一切因此丧失的潜能重新挽救回来，让它们在你身上重新燃起熊熊大火，照亮你成功的征途。

不断学习是成功人士的终身承诺

西点军校的约翰·科特上尉说："勇敢地面对挑战，并且大胆采取行动，然后坦然地面对自己。检讨这项行动之所以成功或失败的原因，你会从中吸取教训，然后继续向前迈进，这种终生学习的持续过程将是你在这个瞬息万变的环境中的立足之本。"西点告诉学生，在学校里获取教育仅仅是一个开端，其价值主要在于训练思维并使其适应以后的学习和应用。西点告诉学生要把握生命的每分每秒，把学习当成终生的事业来做。

一切事物随着岁月的流逝都会不断折旧，人们赖以生存的知识、技能也一样会折旧。唯有虚心学习，才能够掌握未来。毕业于西点军校的 ABC 晚间新闻主播彼得·詹宁斯，在当了 3 年主播之后，做了一个很大胆的决定——他辞去了人人艳羡的主播职位，决定到新闻第一线去磨炼记者的工作技能。经过几年的历练之后，他才又回到 ABC 主播的位置。

虽然可以说西点学员是在最好的军校受训，但是他们仍有很强的危机感。不被社会认可或被淘汰掉，这不仅是学员自己不能忍受的，也是西点军校不能接受的，因为，西点只意味着成功和进步。

成功的团队是没有失败者的，因为团队的力量来源于团队中的每个人。大家相互学习，相互促进，团队就能够实现个体无法达到的高度。学习力，不仅能促进个人的成长，更使得团队的力量要远大于个体之和，学习力完全能打造出最具竞争力的团队。

企业管理者一定要看到企业持续发展的原动力。企业就是一棵大树，树枝上硕果累累，产品种类很多，市场反应很好，企业有很大的产值和丰厚的利润。这时候，很多企业管理者就会被企业的发展现状陶醉，沾沾自喜，却没有人看看这棵树的根怎么样。根是什么？就是学习力，这才真正是一个企业的生命力之根、竞争力之根。如果企业的根基不牢固，那么眼前再好的美景也将是昙花一现，很快就会烟消云散。因此，一个企业暂时的辉煌并不能说明其有足以制胜的竞争力。企业只有具备很强的学习力才能具有真正的竞争力，才能在日益猛烈的竞争态势中获得一个又一个胜利。

英特尔总裁格鲁夫说："在这个快速变化的环境中，面对这么多强劲的对手，为什么我们始终能保持这样的竞争力？因为我们清楚地意识到当今世界唯一不变的只有一个——变化。所以当今世界企业之间的竞争本质上是学习速度的竞争。我们要想有持久的竞争力，唯一的办法就是比别人学得更快。"

但并不是所有的企业都认识到了这个"浅显"的道理。

2003年7月，大家从报纸上看到这样一条消息：起源于清朝顺治八年（1651年），流传至今已逾350年的传统老字号——北京王麻子剪刀厂经昌平法院依法裁定破产。很多人惋惜不已的同时，不禁要问：如此知名的老字号企业，为什么会遭到破产？

"北有王麻子，南有张小泉。"在中国刀剪行业中，王麻子剪刀名声如雷贯耳。数百年来，王麻子刀剪产品以刃口锋利、经久耐用而在市场上独霸天下。即使新中国成立后，"王麻子"刀剪仍很"火"，在生意最好的20世纪80年代末，王麻子剪刀厂一个月曾创造过卖7万把菜刀、40万把剪子的最高纪录。但从1995年开始，王麻子的业绩逐年下跌，陷入连年亏损地步，在新世纪前夕，甚至落魄到借钱发工资的境地。

业内专家认为，作为国有企业，王麻子剪刀厂沿袭计划经济体制下的管理模式，缺乏市场竞争思想和创新意识，是其败落的根本原因。长期以来，王麻子剪刀厂的主要产品一直延续传统的铁夹钢工艺，尽管它比不锈钢刀要耐磨好用，但因为工艺复杂，容易生锈，外观档次低，产品渐渐失去了竞争优势。市场需求已经发生了很大变化，但是王麻子剪刀的经营者却继续墨守成规，未能做出改进措施，故步自封、安于现状。王麻子剪刀终于被市场所抛弃。

这个事例表明，只有不断变革、创新，才能使企业永葆青春。适者生存、物竞天择，让故步自封、不思变革的企业被淘汰出局，正是市场上"铁"的法则——市场从来不考虑企业拥有多少年的历史，拥有多么辉煌的过去！

只有摒弃自我满足感，注重学习力，跟随市场的变化而变化，才能持续赢得市场的信赖。与王麻子相对应的是，拥有130多年经营历史的美国著名百货零售商蒙哥马利·沃德公司，这家沃尔玛、玛莎等连锁店昔日的老对手，在20世纪末也悄然走到它历史的尽头。2000年12月28日，该公司向艾奥瓦华州联邦法院申请破产保护，并宣布在以后的几个月中关闭旗下遍及30个州的250家零售店和10个分销中心。作为美国零售商业的先驱，这家百年老店的关闭，在留给人们对其昔日辉煌的追忆和惋惜的同时，也带给人们关于企业兴衰的深深思索。

蒙哥马利公司破产的根本原因和王麻子剪刀并无实质区别。这个分布全国的商号，最初由邮寄商品起家，之后发展成为大规模经营的目录商店，最终扩大成为集家用电器、家居装饰、家庭用品、服装、汽车修理、金银首饰于一身的大商城。它满足于自己已有的业绩，惰于对市场变化的捕捉，最终未能在消费者心目中建立起本企业的明确形象，收入较高的消费者感到这里的商品档次略低，收入低的消费者感到这里的商品价格偏高，因而未能形成自己较固定的消费群，在激烈的商战中被夺去了消费者。缺乏学习力，不随市场变化而变化，蒙哥马利没有理由不失败。

学习不是简单的"1+1"，而是取得惊人的团队能量。有人做过研究，成吉思汗所拥有的那支战无不胜的千里马马队，其实并非是一支由真正的千里马组成的骑兵部队。他们每一个士兵所拥有的只是 2~4 匹普通的战马，只不过在行军过程中，战马轮流使用，这样就可以保证不使单匹战马过度疲劳，同时还能保证整个马队持续快速前进。他们把普通的战马"嫁接"起来，发挥出"千里马"的超强功能，使军队长期保持旺盛的战斗力。

英国著名作家萧伯纳有一句名言："两个人各自拿着一个苹果，互相交换，每人仍然只有一个苹果；两个人各自拥有一个思想，互相交换，每个人就拥有两个思想。"一个团队学习的过程，就是团队成员思想不断交流、智慧之火花不断碰撞的过程。如果团队中的每个成员都能把自己掌握的新知识、新技术、新思想拿出来和其他团队成员分享，集体的智慧势必大增，就会产生 1+1 > 2 的效果。团队的学习力就会大于个人的学习力，团队智商就会大大高于每个成员的智商，整体大于部分之和。

山东鲁花集团就是实践团队学习力的典型案例。公司在抓好经营的同时，注重上到总经理、下到普通员工的学习力的培养。在公司内部变个人学习为团队学习。正是这种整体的学习力的提高，使公司具备了一定的竞争能力，20 年的时间，就从一个小小的物资站发展成为中国花生油第一品牌的知名企业。通过学习，形成了一支千里马团队，从而使其在当今残酷的市场竞争中长驱直入。

善于学习，是团队永远不败的根本。美国未来学家阿尔文·托夫勒说："未来的文盲不是不识字的人，而是没有学会怎样学习的人。"学习能力、思维能力、创新能力是构成现代人才体系的三大能力，其中，善于学习又是最基本、最重要的第一能力。没有善于学习的能力，其他能力也就不可能存在，因此也就很难去具体执行。一个团队也是如此，不会学习的团队永远不可能拥有超强的竞争力。企业竞争的实质是学习力的竞争，唯有不断学习，企业才能长盛不衰。

学习力使红蜻蜓集团从默默无闻到驰名天下。近年来，红蜻蜓集团认真导入"学习型组织"管理理念，为企业提高整体素质、形成共同目标、造就执行力提供了坚实的基础，使红蜻蜓步入超常规的发展轨道。红蜻蜓集团党委书记瞿增甫介绍，世界上没有完善的个人，但却可能有完美的组织。

为使广大员工充分了解企业发展的轨迹和企业的文化，深刻认识企业发展的优势和劣势，结合企业的发展目标、任务和使命，该公司上下共建立了学习型组织 13 个、学习型班组 32 个、参加学习人数达 1000 多人，并设立了技术创新奖、团队精神奖、营销精英奖、十佳知识型员工奖等，奖励基金达 100 多万元，奖金用于员工的再教育培训，进一步激发员工的学习动力，形成良性循环。

红蜻蜓集团努力营造团队的学习氛围，着力开展团队学习，形成互动式学习氛围，使团队智商大于个人智商，花巨资在上海成立了红蜻蜓培训学院，每年参加学习的达 800 多人次，组织中高层干部参加名牌大学的 MBA 班学习；通过召开"工作讨论会""寻找问题会""事后分析会"等，把个人信息经验等变成群体共同拥有的学习成果，在相互学习中共同达到提高。通过学习，使每个人看到原先自己没有看到的更深刻的东西，实现自我的不断突破，使红蜻蜓企业形成了"个体有活力，团队有合力"的良好氛围，获得了巨大的团队能量，红蜻蜓一举成为中国鞋业的知名品牌。

一个企业要想提高整体的竞争能力，唯一的途径就是使企业真正变成一个学习型组织。《第五项修炼》的作者圣吉在书中明确指出："当今世界复杂多变，企业不能再像过去那样只靠领导者一夫当关、运筹帷幄来指挥全局。未来真正出色的企业将是那些能够设法使各阶层员工全心投入、并有能力不断学习的组织。"学习已经越来越成为企业保持不败的动力之源。当代企业的发展更证明只有比你的竞争对手学得多、学得快才能保持你的竞争优势，才能永保领先。

世界上著名企业的发展，无一离不开"学习"二字。美国排名前 25 位的企业中，有 80% 的企业是按照"学习型团队"模式进行改造的。国内很多企业也通过创办"学习型企业"而给企业带来了勃勃生机。给人一条鱼，只能让他吃一次；教会他钓鱼，才能使他一辈子不会挨饿。作为团队领导，不但要自己会钓鱼，还要教会员工钓鱼。并在团队中创建一种轻松和谐、相互学习、团结协作、分享创新的氛围！使整个团队成为一种学习型的团队，才能使这个团队在竞争日益激烈的市场大潮中立于不败之地。

通用电气总裁韦尔奇认为领导应该是"同时作为教练、启蒙者以及问题解决者来为企业增加价值，因为成败而接受奖励和承担责任，而且必须持续地评价并强化本身的领导角色"。他认为，一个优秀的领导者应该带领团队持续学习。企业要想在发展过程中不断超越自我，不断地提高竞争能力，不断地扩展企业发展中真正心之所向的能力，首先应激发企业内员工的个人追求和不断学习的意愿，从而使之形成一个学习型组织。企业一旦真正地开始学习，定会产生出色的效果，而作为团体中的人也会快速地成长起来，企业的内功更会不断强化。

通用电气正是通过建立学习型组织保持企业竞争优势的典范企业。通用电气公司是美国纽约道·琼斯工业指数自 1896 年创业以来唯一一家至今仍榜上有名的企业。在过去 20 年中，通用电气给予股东的平均回报率超过 23%。通用在克罗顿维尔建立了领导才能开发研究所，每年有 5000 名领导人在这里定期研修，《财富》杂志称其为"美国企业的哈佛大学"。在那里，没有职务的束缚，可以不拘形式地自由讨论。每周都有 100 多名职员在这里集合，听取企业生产、经营和管理等方面的课程。在韦尔奇的领导下，通用电气领导层变成了一个不断创新、富有成效的领导团体。他们能进一步推动工作，倾听周围人们的意见，信赖别人的同时也能够得到别人的信任，能够承担最终的责任。通用电气的成功源于一个强有力的学习型组织以及由此产生的独特的学习文化，进而提高了通用电气在世界市场的占有率并使其长盛不衰。

有所作为的管理者应该向通用电气学习，在自己的企业建立学习型组织。善于不断学习，这是学习型组织的本质特征。所谓"善于不断学习"，主要有四点含义：强调"终身学习"——即组织中的成员均应养成终身学习的习惯；强调"全员学习"——即企业组织的决策层、管理层、操作层都要全心投入学习，尤其是经营管理决策层，他们是决定企业发展方向和命运的重要阶层，因而更需要学习；强调"全过程学习"——即学习必须贯彻于组织系统运行的整个过程之中；强调"团队学习"——即不但重视个人学习和个人智力的开发，更强调组织成员的合作学习和群体智力（组织智力）的开发。在学习型组织中，团队是最基本的学习单位。

学习就是生产力，让你的员工学起来，你的员工才能具有更大的生产能力，你的企业才能获得更大的经济效益。组织员工学习，建立学习型组织，对企业而言，只是小额投入，而这种投入带来的回报绝对是惊人的，并且是持续的。聪明的管理者会用学习来打败对手。彼得·圣吉的《第五项修炼》引领了企业软件再造的潮流。这本书中提到，学习型组织必须具有并能够不断强化以下五项修炼技能：

（1）自我超越。鼓励组织所有成员持续学习并扩展个人能力，不满足并突破现有的成绩、愿望和目标，创造出组织想要的结果。

（2）改善心智模式。所谓"心智模式"，即由过去的习惯、经历、知识结构、价值观等逐渐形成的、具有固定的思维方式和行为习惯。

（3）建立共同愿景。

（4）团队学习。完善的培训系统对企业的发展固然重要，但不能将团队学习简单等同于培训。培训意味着员工被动接受教育，而团队学习意味着互动，意味着组织的各层次都在思考，而不是只有高层领导在思考，其追求的是一种群策群力的组织机制，试图通过群策群力，让团队发挥出超乎个人才能总和的巨大知识能力。

（5）系统思考。学习型组织成员应具有全局意识，学会进行系统思考。正如马列主义所教导的一样，系统思维即从具体到综合、从局部到整体、从结果到原因，看问题应避免"只见树木，不见森林"，其倡导的是一种全方位的思考方式。进行系统思考修炼，即要求我们应以系统的、联系的观点去看待组织内部间以及组织与外部间的关系。

学习能力是一切能力之母

如果不继续学习，就会使我们无法适应急剧变化的时代，面临被淘汰的危险。只有愿意不断学习的人，才能在竞争的优胜劣汰中存活下来，并且生活得很好。可以说，学习能力是一切能力之母。只有善于学习、懂得学习的人，才能够赢得未来。

英国的蒙哥马利元帅曾经多次到西点军校访问和讲演，他对学习的浓厚兴趣和执着的精神给西点学子树立了光辉的典范。

据有人观察，蒙哥马利嗜好很少，他不喝酒、不抽烟、不好女色、不爱交际，一生中唯一的兴趣和爱好就是军事；他最关心的就是训练、作战、胜利。正是这种别人无法相比的敬业精神，使蒙哥马利能够在同辈人中出类拔萃，声名卓著。

为了争取到印度服役，蒙哥马利刻苦学习印度的乌尔都语和普什土语，以便与印度士兵沟通联系。为了能使用和管理营里的运输工具，他把野战勤务条令背得滚瓜烂熟，并对有关骡马的知识也做了深入的了解。正是由于这种孜孜不倦的学习态度，使得他在世界军事史上留下了光辉的形象。

为了帮助一个人生存下去，可以给他很多鸡蛋，但是鸡蛋终有给完的一天；也可以给他几只母鸡，每天下蛋，大概可以让他生存一两年；还可以帮他建立一个养鸡场，并请人管理，除了自己吃，还可以赚点钱。其实，最好的方式是帮助他学会养鸡的技术和管理本领，成为养鸡专业户，从此不仅能够生存下去，而且能够实现可持续发展！所以学习能力才是真正的成功之母。

成功，并不是战胜别人，而是战胜自己。你唯一能够改变的就是自己，你不可能也不可以去阻止别人的进步。而改变自己的唯一途径就是努力地学习，通过学习可以改造内在的品性与能力，从而改变外在的处境与地位。只有战胜自己的人，才是最伟大的胜利者、成功者。"欲胜人者必先自胜。"一个对知识和技能马马虎虎，不把功夫放在自己身上的人，失败是必然的。那么怎样才能学习知识与技能，怎样才能战胜自我呢？答案很简单，那就是充分运用你的学习能力。汤之盘铭曰："苟日新，日日新，又日新。"只有不断运用学习能力，才能达到持续更新、持续发展的最高境界。

我们也可以用三段论来推导出我们的结论：成功，取决于人的学识与经验——大前提：学识与经验，取决于人的学习能力。——小前提：归根结底，成功取决于学习能力——结论：所以，学习能力是真正的成功之母。

在知识经济时代，竞争日趋激烈，信息瞬息万变，盛衰可能只是一夜的事情。在激烈竞争中，只有不断学习、善于学习的人，才能具有高能力、高素质，才能不断获得新信息、新机遇，才能够获得成功。如果不能不断提高素质，跟不上时代发展的步伐，个人将会被淘汰，企业将会被淘汰。那么怎样才能避免被淘汰呢？毫无疑问，答案是不断学习、善于学习。

学习是人的一生中一项最重要的投资，一项伴随终身最有效、最划算、最安全的投资。任何一项投资都比不上这项投资。古人尚且懂得"良田万顷，不如薄技在身"的道理，我们难道还不如古人？富兰克林说过："花钱求学问，是一本万利的投资，如果有谁能把所有的钱都装进脑袋中，那就绝对没有人能把它拿走了！"许多人的想法仍未能摆脱老观念的统治——总觉得学习是学校里的事，走出学校后就不需要继续学习了。成年人花几百块钱买一件高级衣服一点不嫌贵，但要从钱包里掏出十来块钱买本书倒觉得不能承受。他们往往舍得在自己的子女身上进行教育投资，却忽视了对自身的教育投资，把对自身投资的重点摆在吃、穿、住和保健上。很早以前，罗曼·罗兰就说："成年人慢慢被时代淘汰的最大原因不是年龄的增长，而是学习热忱的减退。"如果你始终保持学习热忱，在走出校门后继续学习、终身学习，就能获得成功。

学习能力，不仅是每一个人的成功之母，而且是每一个企业的成功之母。美国杰出的管理思想家戴维斯在他与包特肯合著的《企业推手》一书中预言：21世纪的全球市场，将由那些通过学习创造利润的企业来主导。这就要求每个企业都要变成"学习型的企业"。学习能力不仅决定着个人的成败、企业的兴衰，而且推动着国家的进步、社会的发展。一个国家要成为热爱学习、善于学习的学习型国家，使整个民族成为热爱学习、善于学习的学习型民族！只有如此，才能在激烈的国际竞争中取胜。

无论是个人、集体、国家或民族，只有学习才能永远立于不败之地；只有充分运用学习能力，才能无往而不胜。总之，学习是最根本、最通用的成功大法，学习能力是最根本的成功之母。

当然，要想真正使得学习能力成为成功之母，就必须提倡素质学习与终身学习，以此提高学习的质量与周期。

有一个农夫，他从一个好吃懒做的人手中买了一块地。但这时已经是5月下旬了，先前土地的主人在早春时分没有去种庄稼，只种了些蔬菜。但是那位农夫是个极具判断力与思考力的人，他认为，种晚熟的谷类目前还不算迟。因此，他就按照自己的主意去做，把那块田耕得好好的，播了些晚熟的种子，然后又很细心地去照看。他的左邻右舍都说："春天早已过去了，你怎么可能种出粮食呢？但是，他得到了很丰盛的收获，甚至比他的邻居收成还要好。"

农夫就是根据丰富的农业知识做出了精准的判断，从而避免了损失，获得了回报。

对于那些早年失学，浪费了学习机会的人，可以用终身学习来补救早年的失学，弥补自己知识上的差距。如果你真有上进的志向、真的渴望造就自己，要决心补救早年的失学，那么你必须认识到，如果你遇到了一个印刷匠，他会告诉你很多印刷的技术；遇见了一个泥水匠，他会告诉你关于建筑的方法；遇见了一个农夫，他会教给你农业上的种种知识。无论遇到什么人，都会对你有所助益，都会使你增加一些知识与经验。

那些不曾受过大学教育的人都有过分重视大学教育的心理。那些因家境困难或身体状况不佳而不能升入大学的人，往往以为错过大学期间的学习是一种不可挽回的损失，认为这是一生都没有办法补救的缺陷。他们总是认为，不管以后如何自学，都于事无补，无法达到与大学教育同等程度的教育水平，他们以为通过自修得来的学识总是有限的。但他们却不知道，世上有许多负有盛名的学者从没有进过什么大学，甚至有许多人连中学的大门都没有跨进过呢！

一位连小学教育也没有完成的年轻人，由于读了许多历史著作和名人传记，后来竟成了一位历史学家。很多遇见他的人，都对他的学问赞不绝口，都以为他受过高等的学校教育。他勤于自学、博览群书，由于浸淫于许多名家的著作中，于是在无形中就养成了一种极优美的写作风格。虽然他并不精通文法上的条条框框，但他的英文却极好。靠着学校之外的学习，他竟拥有如此的成绩，这在当时实属罕见。何况今日之出版界有更多、更好的书籍可供自学之用，有志上进的人完全可以凭借学校之外的终身学习，来培养自己，走向成功。

有许多早年失学的人，到了晚年通过选读函授学校的课程获得了种种知识，帮助他们取得了事业的成功。如果你能利用空闲的时间，选读函授学校的课程，也能弥补失学给你造成的损失。只要我们注意，随时随地都有学习的机会。大多数不幸的成年人认为，一过最宝贵的青年时期便失去了求学的机会，一到晚年则更不能再去求学了。其实只要能寻求机会，能利用自己全部的空闲时间，努力进修，完全投入来摄取知识，那么就完全可以补救青少年时期的失学，甚至能使自己学富五车。

　　林肯所受的正规教育，总计起来大概只有 12 个月。1847 年他当选国会议员，在填写履历表"你的教育程度如何"一栏时，他只好诚实地写下"不全"两字。林肯被提名为总统候选人时曾说："我的文化程度不高，不过我尚能读书认字，会些算术，在如此贫瘠的知识基础上，能够获得目前这一点小小成果，完全是在基于需要的情况下，时时自修取得的知识。"

　　在人的一生中，都有接受教育的可能性，而且到了壮年以后，在很多方面的学习甚至比年轻时更有利，因为他积累了更多的经验，具有不同于青年人的判断力，深知光阴的宝贵，更善于利用一切机会来学习。更进一步说，人的一生都是受教育的时间，我们提倡终身教育和终身学习。有许多人在学校时，由于不努力而没能学到多少书本知识。但是到了中年以后，他为了要补救知识上的缺憾，便开始努力用功，最终也能取得惊人的成就。

　　终身教育，被联合国教科文组织认为是"知识社会的根本原理"，并已成为世界各国制定教育政策的主导思想。它突破了传统教育的定义，动摇了传统教育大厦的基石，带来了整个教育的革命，被认为是"可以与哥白尼'日心说'带来的革命相媲美，是教育史上最惊人的事件之一"。与终身教育相应提出的终身学习，就是指一个人在一生中，要持续不断地学习。

　　1989 年 11 月，联合国教科文组织在北京召开了"面向 21 世纪教育国际研讨会"。会议的主题之一就是要"发展一种21世纪的新学习观",因为"由于教育技术的进步,即使一个文盲,现在也可能成为一个终身学习者"。它始于生命之初,持续到生命之末,即从摇篮到坟墓,一辈子持续不断。它宣告了"学历社会"的终结,宣告了把人生分为两半——学习和工作("充电"和"放电")的传统观念的错误。

1994年,第三届经济合作与发展组织(OECD)国际讨论会"终身学习——面向未来的战略"在日本召开。同年,在意大利罗马举行了"首届世界终身学习会议",提出"终身学习是21世纪的生存概念",强调如果没有终身学习的意识和能力,就难以生存在21世纪。终身学习,成为迎接新世纪挑战的高能武器,越来越受到全世界的高度重视。它理所当然地成为知识经济时代的生存方式。美国第34任总统艾森豪威尔说:"才能出众者,才堪担当重任;而努力学习,刻苦训练,是获得才能的唯一途径。"

细节决定成败

西点学生都明白，战场之上无小事，细节决定成败。士兵必须作战，而带兵的军官则必须注意每一个细节，才能确保士兵的性命不会白白牺牲。艾森豪威尔将军曾经强调"每一个细节背后的伟大力量"。西点人深信细节的力量，一再强调每个人必须熟知每一个细节，从背诵一些小诗句、擦亮扣环，到了解 M16 的构造和使用。

拿破仑是一位传奇人物，这位军事天才一生之中都在征战，曾多次创造以少胜多的著名战例，一些战例至今仍被各国军校奉为经典教例。然而，1812 年的一场失败的战役却改变了他的命运，法兰西第一帝国从此逐渐走向衰亡。

1812 年 5 月 9 日，在欧洲大陆上取得了一系列辉煌胜利的拿破仑离开巴黎，率领 60 万大军浩浩荡荡地远征俄国。法军凭借先进的战备长驱直入，在短短的几个月内直捣莫斯科。然而，当法国人入城之后，市中心燃起了熊熊大火，莫斯科的 1/4 被烧毁，6000 幢房屋化为灰烬。俄国沙皇亚历山大采取了坚壁清野的措施，使远离本土的法军陷入粮荒之中，即使在莫斯科，也找不到干草和燕麦，大批军马死亡，许多大炮因无马匹驮运而被迫毁弃。几周后，寒冷的天气给拿破仑大军带来了致命的重创。在饥寒交迫下，1812 年冬天，拿破仑大军被迫从莫斯科撤退，沿途又有大批士兵被活活冻死，到 12 月初，60 万大军只剩下不到 1 万人。

关于这场战役失败的原因众说纷纭，但又有谁能想到小小的军装纽扣也是使其失败的元凶之一呢？原来，拿破仑征俄大军的制服，采用的都是锡制纽扣，而在低于 13.2 摄氏度的寒冷气候中，白色的锡制纽扣（β 锡）就会慢慢变成松散的灰色粉末（α 锡）。由于衣服上没有了纽扣，数十万拿破仑大军在寒风暴雪中形同敞胸露怀，许多人被活活冻死，还有一些人因受寒得病而死。

　　正是由于细节如此重要，所以西点很注重对新学员的细节训练。背诵新学员知识是细节训练中一个行之有效、行之久远的办法。这套冗长固定的新学员知识，除了要记住会议厅有多少盏灯、蓄水库有多大的蓄水量外，还包括日行事历。

　　新学员都要轮流报日程——站在走廊的时钟下面，大声清楚地报时："距离晚餐集合还有 5 分钟，穿上课制服。我再重复一次，距离晚餐集合还有 5 分钟……"

　　新学员报日程的时候，如果有任何错误，学长都会过来质问。新学员必须背诵出当天相关的讯息：日期、值日官姓名、重要的运动或电影，一直到距离未来的重大活动还有多少天，最难的则是距离历届班的毕业典礼还有多久。

　　西点学员每天都要被检查服装仪容，包括皮鞋、扣环要擦亮，上衣正确扎进裤子或裙子，衬衫衣叉和裤缝对直成一条线。

　　西点学员乔治·S. 格林在"兽营"期间，曾经有一次来回向班长报到了 12 次，才通过服装仪容的检查。每一次他到了班长的房间，都有通不过的地方，比如头发没有梳好、皮鞋碰脏了、衬衫后面的衣摆露出来了、某段新学员知识没有背好等，每次都得回寝室重新整理。

　　就是这种重视细节的精神让西点人精益求精，力求做好每一件事情。因为他们知道，细节既可能促使一个士兵成长与进步，也能导致一场战争失败，绝对轻视不得！

　　一位伟人曾经说过："轻率和疏忽所造成的祸患将超乎人们的

想象。"许多人之所以失败，往往不是因为他们不够聪明，而是因为他们马虎大意、鲁莽轻率。这个细节可能只是一个标点、一个螺丝，但在关键时刻却能决定事情的成败。

建筑时一个小小的误差，可以使整幢建筑物倒塌；不经意抛在地上的烟头，可以使整幢房屋甚至整个村庄化为灰烬。世界上每年因为"不小心"所造成的身体伤害和财产损失，有谁能统计清楚呢？一台拖拉机有五六千个零部件，要几十个工厂进行生产协作；一辆福特牌小汽车有上万个零件，需上百家企业生产协作；一架"波音747"飞机，共有450万个零部件，涉及的企业更多……在这么多的环节当中，只要任何一个环节出了问题，都会影响到最终的结果。可以说，没有一个细节是无关紧要、可以忽略的。

老子曾说："天下难事，必作于易；天下大事，必作于细。"很多事情看起来庞大复杂、无法可解，但只要我们稍加留心、勤于思考，我们就会发现，问题就出在细节上面。一个重视细节的人必定是个高度负责、留心生活的人，也是个精益求精、追求卓越的人。一个重视细节的人能够在工作中交上满意的答卷，为老板所赏识。

有3个人去一家公司应聘采购主管，他们当中一人是某知名管理学院毕业的，一名毕业于某商院，而第三名则是一家民办高校的毕业生。在很多人看来，这场应聘的结果是很容易判断的，然而事情却恰巧相反。应聘者经过一番测试后，留下的却是那个民办高校的毕业生。

在整个应聘过程中，他们经过一番测试后，在专业知识与经验上各有千秋，难分伯仲。随后招聘公司总经理亲自面试，他提出了这样一个问题，题目为：

假定公司派你到某工厂采购4999个信封，你需要从公司带去多少钱？

几分钟后，应试者都交了答卷。第一名应聘者的答案是430元。

总经理问："你是怎么计算的呢？"

"就当采购5000个信封计算，可能是要400元，其他杂费就

30 元吧！"

应者对答如流，但总经理未置可否。

第二名应聘者的答案是 415 元。

对此他解释道："假设采购 5000 个信封，大概需要 400 元，另外其他杂费可能需用 15 元。"

总经理对此答案同样没表态。但当他拿起第三个人的答卷，见上面写的答案是 419.42 元时，不觉有些惊异，立即问："你能解释一下你的答案吗？"

"当然可以，"该同学自信地回答道，"信封每个 8 分钱，4999 个是 399.92 元。从公司到某工厂，乘汽车来回票价 11 元；午餐费 5 元；从工厂到汽车站有一里半路，请一辆三轮车搬信封，需用 3.5 元。因此，最后总费用为 419.42 元。"

总经理会心一笑，收起他们的试卷，说："好吧，今天到此为止，明天你们等通知。"想必你也猜出来了：重视细节的第三个人胜出了。

这道题显然是专门用来考察求职者细节的。在这里，一个不经意的细节就决定了面试的成败。西点毕业生、国际电话电报公司总裁兰德·艾拉斯科曾说过："每一个管理者都是从底层做起的，世界上没有人天生就具有管理才能，可以掌管大局、处乱不惊。唯有从小事做起，从细节抓起，才能训练出卓越的管理人才。"

每个人所做的工作，都是由一件件小事构成的，但不能因此而对工作中的小事敷衍应付或轻视责任。所有的成功者，他们大多与我们做着同样简单的小事，唯一的区别就是，他们从不认为他们所做的事是简单的小事。西点人从不在小事、细节上有所疏忽。

只要你留心观察，就会发现我们身边有许多这样的人：他们不见得有很高的学历、聪明的头脑和过硬的后台，但他们谦虚、低调，留意生活的每一个细节，善于观察与思考，从别人的点点滴滴中学到有益的东西。就是这些看似不起眼的细微之处决定了他们跟其他人的距离。

某年 7 月，青岛遭遇了百年不遇的高温，空气中充满了热气、湿气、汗水和焦躁的声音……许多市民都耐不住高温，打算购买空调，他们最关心的问题是空调能否马上安装。

　　海尔商用空调事业部临时抽调 20 名设计安装人员在雅泰商场现场待命：即买即安，天气热但不让用户等！

　　这时，超市里电话铃又急促地响起来。忙得满头大汗的直销员刘玉华接起电话，又是一名要求购买并安装空调的客户，但细心的刘玉华发现了这位客户的特殊性，因为电话里有孩子的哭声。

　　"昨天我和丈夫去看过，就是选购那套 MRV 一拖三，能马上给安装吗？我丈夫不在家，我的孩子老是热得直哭！"电话里的女主人急切地问。

　　"放心吧，半小时之内赶到。"放下电话，刘玉华马上安排送货，并安排好了上门安装的专业人员，最后，细心的刘玉华又带上了一个备用书包。

　　20 分钟后，海尔的设计安装人员到了用户的住处，他们轻轻敲开了用户家的门。

　　"你们马上安装吧，真受不了了！"女主人一边擦着汗一边说。屋子太热了，高温使人们感到有些窒息。正要工作时，设计安装人员发现敞着门的卧室里孩子睡熟了。

　　"把孩子抱到阳台上去吧，别吵醒了他！"刘玉华说，"我来帮您抱孩子！"她这时又发现孩子的后背长满了痱子。于是刘玉华快速地打开书包，那里面有一盒崭新的痱子粉。她打开粉盒，在女主人的帮助下，轻轻地给孩子擦上了痱子粉，其余的放在了孩子床头。大概是痱子粉让孩子舒服了许多，在安装空调的过程中，孩子始终睡得很香甜。

　　刘玉华的贴心服务，深深感动了女主人。她感激地说："我本来只是想买一套空调，可是你们却给我带来这么多关照……"

　　痱子粉的故事很快传开了，有人专门到她家来参观，他们都被海尔的工作人员细微服务的精神打动了。最后，他们的家中都安装了海尔空调。

一位老石匠曾经说过，"小石块要一块一块砌结实，才能支撑住那些大石块。如果撤去这些小石块，大石块没有了支撑，自然也就垮下来了。"任何一个细微之处都有可能是关键环节，都不可小视，因为它有可能关系到产品与服务的优劣，关系到企业声誉的好坏，关系到个人的职业道德，也关系到个人在行业中的发展前景。小的事情往往能成为大事情的基础，所以只有持之以恒，用一种坚忍不拔的态度把小事情做好，才能成就一番大事业。

前任西点校长潘莫将军说过："细枝末节最伤脑筋。"他的意思是说，即使是最聪明的人设计出来的最伟大的计划，执行的时候还是必须从小处着手，整个计划的成败就取决于这些细节。细节决定成败，我们必须学会观察细节，用精准的细节精神来做事情。这样的话，无论是企业还是个人，都会在成功的路上走得稳一些。

细节造就完美

每年春天，西点仅有 1000 多名学员毕业，每人都被授予学士学位，并作为中尉在陆军中服役。经过 6 周的休整，他们被派往亚洲、欧洲和非洲等地。一到目的地，他们就担当起第一份军官职务。

单单这个事实就让人震惊：一个国家把在编部队的安全交付给了年仅 21 岁的年轻军人！更不要说看管和部署大规模杀伤性武器、维持和平和偶发战事。相关事实是：一旦离开西点，绝大多数年轻西点学员毫无疑问是胜任工作的。西点军校不仅培养了大量的优秀军官，而且 200 多年来，它已成为全美最有效的高级管理人才开发学院。特别是在细节方面，他们做得非常到位。因为西点人相信，一个不注重细节的人，在战场上是不可能有冷静的头脑及过人的分析的，粗心大意和鲁莽行事是军人的大忌。西点严格要求每一个学员将自己身边的每一件小事都要做好。所以西点出来的人都非常清醒地明白：许多企业并不是被大事打倒，而是在一些不起眼的细节上栽了大跟头。

1851年，为了让不识字的工人区别肥皂和蜡烛箱，一个码头装卸工人在宝洁公司的蜡烛包装箱上涂上了黑色的十字。不久，另一个有艺术细胞的工人将黑字改成一个圆圈套着一颗星，再后来又有人用一组星星替代了原来的一颗星，最后又加上了一轮残月和一个人的侧影。

此事被宝洁公司知道后，为方便工人和用户识别，决定将所有的蜡烛箱上都画了星星和月亮的图案。

后来宝洁公司的管理者认为，蜡烛箱上"月中人"的图案是没有必要的，于是就把它涂掉了。但是没过多久，宝洁公司收到了一封来自北卡罗来纳的信，一个批发商拒绝接受一批宝洁公司蜡烛的交货，因为这些箱子缺少完整的"星星和月亮"的图案，被认为是仿制的。宝洁公司立即意识到了"星星和月亮"图案的价值，并将它作为注册商标重新使用。

这样做了之后，包括北卡罗来纳批发商在内的许多客户，才继续与宝洁公司保持业务往来。

作为公司的管理者，宏观调控确实很重要，但对细节的微观把握更不可少。琐碎简单的事情最容易被忽略，最容易漏洞百出。无论企业有怎样辉煌的目标，但在执行过程中有一个细节处理不到位，就会导致最终失败。"大处着眼，小处着手"，狠抓细节，才能达到管理的最高境界。

海尔的管理层经常说的一句话就是："要让时针走得准，必须控制好秒针的运行。"我们要发现问题的关键，提高解决问题的能力，必须坚持从细节入手。

一天，美国福特公司客服部收到一封客户抱怨信，上面是这样写的：

"我们家有一个传统的习惯，就是我们每天在吃完晚餐后，都会以冰激凌来当我们的饭后甜点。但自从我买了一部你们公司的车后，在我去买冰激凌的这段路程上，问题就发生了。每当我买的冰激凌是香草口味时，我从店里出来车子就发动不起来。但如果我买的是其他的口味，车子发动就顺利得很。为什么？为什么？"

很快，客服部派出一位工程师去查看究竟。当工程师去找写信的人时，对方刚好用完晚餐，准备去买冰激凌。于是，工程师一个箭步跨上车。结果，这位客户买好香草冰激凌回到车上后，车子果然又发动不起来了。

这位工程师之后又依约来了三个晚上。

第一晚，巧克力冰激凌，车子没事。

第二晚，草莓冰激凌，车子也没事。

第三晚，香草冰激凌，车子发动不起来了。

……

这到底是怎么回事？工程师忙了好多天，依然没有找到解决的办法。工程师有点气馁，想放弃，转而接受退车的现实。

最后，神圣的职业使命感使工程师安静下来，开始研究种种详细资料，如时间、车子使用油的种类、车子开出及开回的时间……不久，工程师发现，买香草冰激凌所花的时间比买其他口味用的时间要少。因为，香草冰激凌是所有冰激凌口味中最畅销的口味，店家为了让顾客每次都能很快地拿取，将香草口味特别分开陈列在单独的冰柜，并将冰柜放置在店的前端。

现在，工程师所要知道的疑问是：为什么这部车会因为从熄火到重新激活的时间较短就会发不动？原因很清楚，绝对不是因为香草冰激凌的关系，工程师很快地由心中浮现出答案：应该是"蒸汽锁"。买其他口味的冰激凌由于花费时间较多，引擎有足够的时间散热，重新发动时就没有太大的问题。但是买香草口味时，由于时间较短，引擎太热以至于还无法让"蒸汽锁"有足够的散热时间。

在此事件中，购买香草冰激凌虽然与发动机熄火并无直接联系，但购买香草冰激凌确实和汽车故障存在着逻辑关系。问题的症结点在一个小小的"蒸汽锁"上，这是一个很小的细节，而且这个细节被细心的工程师发现，从而找到了解决问题的关键。

俗话说："在商场上，每一笔生意都是独一无二的。"成功的执行者能够针对具体环境巧妙设计出解决问题的细节，这一些细节体现着一个人处理问题的原创性和想象力，这是这个时代最稀缺、最宝贵的东西。

西点人认为，将任何有意义的事情做好，是你成功的预示。因为你比别人多付出，你在实际工作中也比别人想得更周到，这样的员工是任何老板都渴求的。

在中国的北京，入住香格里拉大饭店的施密斯先生早晨起来一开门，一名漂亮的中国小姐便微笑着和施密斯打招呼："早，施密斯先生。""你怎么知道我是施密斯？""施密斯先生，我们每一层的当班人员都要记住每一个房间客人的名字。"施密斯心中很高兴，乘电梯到了一楼，门一开，又一名中国小姐站在那儿："早，施密斯先生。""啊，你也知道我是施密斯，你也背了上面的名字，怎么可能呢？""施密斯先生，上面打电话说你下来了。"施密斯这才发现她们头上挂着微型对讲机。

接着，这位小姐带施密斯去吃早餐，餐厅的服务人员替施密斯上菜时，都尽量称呼他为"施密斯先生"。这时来了一盘点心，点心的样子很奇怪，施密斯就问她："中间这个红的是什么？"这时施密斯还注意到一个细节，那个小姐看了一下，就后退一步说那个红的是什么。"那么旁边这一圈黑的呢？"她上前又看了一眼，又后退一步说那黑的是什么。这个后退一步就是为了防止她的唾沫溅到菜里。

施密斯退房离开的时候，刷卡后服务生把信用卡还给他，然后再把施密斯的收据折好放在信封里，还给施密斯的时候说："谢谢你，施密斯先生，真希望第五次再看到你。"施密斯这才想起，原来那次是他第四次去。

3年过去了，施密斯再没去过北京。有一天他收到一张卡片，发现是北京的香格里拉大饭店寄来的："亲爱的施密斯先生，3年前的5月20号您离开以后，我们就没有再看到您，公司全体上下都很想念您，下次经过中国一定要来看看我们。"下面写的是"祝您生日快乐"。原来那天正好是施密斯的生日。

现在，施密斯先生只要去北京出差，一定会入住香格里拉大饭店，并会介绍他的朋友、合作伙伴也选择香格里拉大饭店。香格里拉大饭店的服务真正做到了顾客的心坎里。

注重细节，达到精益求精的程度，这是职业人士的态度。追求完美的细节精神是寻求成功的卓越表现，也是生命中的最为成功品牌。一个人做事精确的良好习惯要远远超过他的聪明和专长。

在人才高度同质化的今天，能够做大事的人才固然能够引起老板的注意，但在平凡岗位上能够把细节做好的员工同样能引起老板的注意。能够在细节上做足功夫，通过细节凸显自己，也是获得成功的一个办法。

苏伦刚进公司时只是一名普通的业务员，但他仅用了3年的时间就攀升为区域营销总监。他的成功之处就是在细节上做足功夫。

苏伦的细节处理体现在日常习惯、工作方式和工作态度上。

首先，在日常习惯方面，苏伦首先从形象上体现自己的细节。苏伦不仅有"洁癖"，而且还很善于"包装自己"。比如，他和客户或上司见面时，头发总是梳理得整齐而亮洁，皮鞋总是擦得锃亮，深蓝色的西服套装搭配协调的领带，总是那么引人注目。此外，他还练就了"推销之神原一平"价值百万的微笑，他知道微笑能缩短人与人之间的距离，尤其是能够缩短与上司之间的心理距离，使自己能在一个会心的微笑和一个善意的眼神中获得领导的肯定与赏识，无形中增强自身的亲和力。

其次，在气质上，苏伦通过细节处理也凸显了自己。苏伦通过学习，不断提升自己的思想及素质修养，比如，通过职业道德、营销规则等学习，强化自己的营销人意识；又通过外在的一些"物化"的东西，提高自身内在的含金量，比如，谈话时的幽默感，懂得赞美等；他还强化自己良好的职业习惯，比如，塑造和提升自己的执行力，完成上司交办的各项任务等。即使在日常习惯中也体现了他的组织性和纪律性。

最后，无论遇到多么重大的事情，苏伦从没有请过假，总能身先士卒地冲锋在市场一线，总能在公司需要、业务员需要、客户需要时出现在第一现场，这些不但感动了上司，也得到了上司的厚爱。

许多人在工作细节上做得很好，却往往忽视了日常习惯中的细节，殊不知，日常习惯是自己真性情的流露，其中的细节更能够体现一个人的性格。苏伦没有忽视这些细节，得体的着装、不凡的举止、上司的关注，这些都让他信心倍增。通过外在形象与内在气质的完美结合，苏伦不仅得到了良好的口碑，还让上司对他刮目相看，从而获得了更多的发展机会。

在工作方式和态度上，苏伦也不放过任何细节。

首先，他事事积极参与，显示出自信和乐观的态度。在上司眼中，苏伦是一个乐观的人。无论在生活或工作中，他处处流露出积极、自信的心态，极少能看到他灰心丧气的表情。

其次，勇于探索，并付诸行动，不时提出自己的独到观点。比如有一次，当厂家和经销商在招商过程中纷纷感到效果不大或无计可施时，苏伦却提出"招商下沉，直接针对终端进行招商"的建议，并详细地进行了分析和论证，在说服了上司进行有效的组织和实施后，招商会竟然大获成功，现场收款就达 50 万元。苏伦也因此声名远扬。

最后，苏伦对自己上报的材料很认真。相对于许多员工的敷衍了事，苏伦却不断将自己的心得体会、意见和见解形成文字，落实到书面上，然后提交给公司。通过这种方式，能够让老板更直接地了解自己，更直观地评价和提携自己。

苏伦通过抓细节，在日常习惯和工作细节上都做足功夫，既提升了自己，又向同事和老板展示了自己的能力和信心，所以才能迅速从一个普通的业务员迅速成长为销售总监。他的成功历程，处处闪耀着细节的光辉。

在西点的训练项目中，有许多都是针对学员对细节的把握和关注来进行的，可以说，对细节的处理反映了一个人的能力与潜质。正是接受了西点军校的特殊训练，才造就了无数胆大心细的将军和管理奇才。在西点的细节教育培养中，会让学员了解，追求完美并不困难，就像擦鞋一样易如反掌。只要你学会了把鞋擦亮，对于更重大的事情，同样可以做到尽善尽美，而不是决定于别人。西点努力训练学员养成追求完美的习惯，使这种习惯变成像呼吸一样的本能反应。

在现代公司里，同样要注重对细节的执行，这已经变得越来越重要了。公司的失败不外乎两条：一是高层的决策失败，二就是中下层在细节执行上出了大问题。说到底，公司里每一个员工都是组成公司的一个细胞。他们能否把各项执行落实在细节上，将决定公司的命运。"大事留给上帝去抓吧，我们只能注意细节。"一部名为《细节》的小说在题记中如是说。作者还借小说主人公的话为这句话做了注脚："这世界上所有伟大的壮举都不如生活中一个真实的细节来得有意义。"我们不妨这样理解，正因为上帝在抓大事，所以魔鬼才藏身于细节之中，我们必须注意细节才能揪出这些魔鬼，这样，我们的工作才能做得更加完美。

积极主动地面对每一件事

一位将军到西点演讲时说："你不要以为机会是一个到你家里来的客人，他在你的家门口敲门，等待你开门把他迎接进来。假如你不主动找他，他永远不会惠顾你。"

与许多人谈话的时候，听到最多的是"没有机会"的推诿，是不敢行动的胆怯。作为一名军人，不自动自发就是自动放弃，白白放走赢的机会。西点人明白：如果一直坐等机会，人的一生将永远不会比别人过得更好。

西点告诉它的学员：不主动出击，你就永远没有赢的机会。在战场上，不先发制人就会受制于人。生活中的所有事情都是这样，没有积极主动的进攻精神就不可能在竞争中赢得主动的地位。主动出击才能适应变化多端的现实社会，消极被动只会让你沉溺于困境之中。

1944年，巴顿将军率领第三集团军在法国长驱直入，占领了蒂利堡，包围了维特里勒弗朗索瓦、夏龙和兰斯。他费了九牛二虎之力才说服布雷德利将军继续向默兹河进攻。在巴顿看来，8月29日是这场战争中生死攸关的日子。他命令埃迪的第12军向科默西运动，命令沃尔克的第20军朝瓦尔登迅速前进，必须在德军尚未派兵进驻之前，渡过默兹河。

可是到了29日，巴顿将军突然接到报告说，预定在那天到达的 14 万加仑的汽油没有送到。他最开始还以为，这不过是为了减缓他前进的步伐而搞的一个鬼名堂。后来才发现情况并不是这样，汽油推迟到达的原因是最高统帅部改变了计划，所有的补给品——汽油和弹药都被投入到了另一个进攻方向——北方。

巴顿将军大为恼火，他认为如果就此停止，将是整个战争中的重大错误。这意味着无数优秀士兵将牺牲在之后的渡河战斗中。当然，第三集团军不仅没有得到原来预定的汽油补给，实际上，在那之后连一滴汽油也没有得到。

巴顿将军就径直来到最前线的指挥所，他直接用电话下令，命令部队把 3/4 坦克的汽油集中抽调出来，使用另外 1/4 的坦克向前开进。所有部队继续前进，直到坦克跑不动为止，然后，再爬出坦克，步行前进！

巴顿将军再三强调，渡过默兹河的命令是强制性的。战争的教训告诉他，地面部队必须坚持不断地、残酷无情地向前推进。多流一品脱汗水，少流一加仑鲜血。战局的发展最终证明巴顿将军的正确和英明。

第二次世界大战时期，盟军总司令艾森豪威尔总是说，任何人都能在地图上画出一个进攻的箭头，问题是谁来实现它。也许实现这些箭头的，正是许许多多像巴顿将军一样积极主动的军官和士兵。

巴顿将军的故事给了我们这样的启示：成功者之所以能成功，就在于他们从来不跟在别人后面，他们总是在感觉没有机会的时候就去寻找另一条通往成功的路。生活中，很多人失败就是因为他们总是相信过去，从不盼望未来，不去主动创造。

在西点，约翰·拉姆森将军深信："每天多做一点的学员将从他的同学中脱颖而出，这个道理对于学员和军官都是一样的。这样，上司才会更加信任你，赋予你更多的机遇。"

杰克·齐尔斯曼中校认为，学员使自己的能力得到提升的最好方法是，在做好分内事的同时，多为西点军校做事。这不但可以表现学员勤奋的品德，还可以培养学员的综合能力，增强学员的生存能力。

罗杰斯·奈斯上尉指出："如果学员想取得像教官今天这样的成绩，那就只能比教官更积极主动地学习训练。"正是这种积极主动的精神塑造了永远进步、始终卓越的西点军校，培养了那么多优秀人才。

叶圣陶先生曾经说："许多真有成就的人，他们的知识绝大部分是自己学来的，并不是坐在课堂里学来的。"同样的，一个优秀的人也必定是个能够主动工作、自我学习的人，而非事事等着别人催。自动自发地工作是每一个优秀人才的共同特点。没有对工作的热爱，没有全身心地投入，就会因为缺乏自律而放任自流，更谈不上成就什么事业了。

在商店工作的史密斯一直认为自己是一个非常优秀的职工，完成了自己应该做的事——记录顾客的购物款。于是，史密斯向经理提出了升职的要求。没想到，经理当场拒绝了他，理由是他做得还不够好。对于这样的结果，史密斯非常生气。

一天，史密斯像往常一样，做完了工作和同事站在一边闲聊。正在这时，经理走了过来，他环顾了一下周围，示意史密斯跟着他。史密斯很纳闷，不知道经理"葫芦里卖的什么药"。只见经理一句话也没有说，就开始动手整理那些订出去的商品，之后他又走到食品区，清理柜台，将购物车清空。

史密斯惊讶地看着老板的举动，过了很久才明白老板的用意：如果你想获得加薪和升迁的机会，你就得永远保持积极主动的精神。

如果你对工作只是尽到本分，或者唯唯诺诺，对工作毫无怀疑与反思，对公司的发展前景和生存危机漠不关心，你就无法争取到最大的进步与利益，你充其量只能得到属于你应得的那一部分。当然，这份所得通常不如你想象的多。因此，每个人哪怕面对的是十分无聊或毫无挑战性的工作，也应该保持积极主动的精神，因为这会让你取得最好的业绩，幸运女神也会因此而垂青你。

徐威是一家私营企业的小会计。有一次，他看见公司的一位宣传员在为公司编撰一本宣传材料。但是，他发现这位宣传员文笔生疏，缺乏才情，编出来的东西无法引起别人的阅读兴趣。因为平时喜爱写作，有些文采，徐威便主动编出一本几万字的宣传材料，送到了那位宣传员的面前。

那位宣传员发现，徐威所编撰的这本材料文笔出众，远超过自己的水平。他大喜过望，舍弃了自己编的东西，把徐威编的这本材料交给了总经理。总经理详细地把这本宣传材料看了一遍。第二天，把那位宣传员叫到了自己的办公室。一番询问后，总经理得知材料是徐威代笔。于是徐威也被叫到了总经理办公室。

"小伙子，你怎么想到把宣传材料做成这种样子？"总经理问他。

"我觉得这样做，既有益于对内部员工进行宣传，灌输我们的企业文化、理念和管理制度，又有益于对外扩大我们企业的声誉，宣传我们的企业品牌，有利于产品的销售。"徐威说。

总经理笑了笑说："我很喜欢它。"几天后，徐威被调到宣传科任科长，负责对外宣传自己的企业。不到一年时间，他因为在工作中表现出色，被调到总经理办公室担任助理。

徐威的成功看似偶然，充满了随机性，但许多机会不就是这样靠人创造出来的吗？机会只青睐那些有准备的人，而积极主动工作的人永远都在准备着。同时，积极努力的人工作不仅仅是为了饭碗或者薪水，他们有着更高的追求。把工作简单地视为换取劳动报酬的想法是低级的、短视的，有望成就事业的人永远不会把眼睛停留在暂时的物质利益上，他们会把工作当成一项事业来做。这些人很清楚，对工作负责就是对自己负责，只有积极主动地工作，才能为自己争取到美好的明天。

一个农村的小姑娘，因为家境贫寒，就到城里打工，由于没有什么特殊技能，便选择了餐馆服务员这个职业。在常人看来，这是一个不需要多大技能的职业，只要招待好客人就可以了。许多人也已经从事这个职业多年，但很少有人会认真投入其中，因为，这看起来实在没有什么需要投入的。

这个小姑娘却恰恰相反，她一开始就表现出了极大的耐心，并且彻底将自己投入到工作当中。一段时间以后，她不但能与常来的客人搞好关系，而且只要客人光顾，她总是千方百计地使他们高兴地来，满意地走。这不但赢得了顾客的交口称赞，也为饭店增加了收益。就在老板逐渐认识到其才能，准备提拔她做店内主管的时候，她却婉言谢绝了。原来，一位投资餐饮业的顾客看中了她的才能，准备投资与她合作，资金完全由对方投入，她负责管理和员工培训，对方郑重承诺：她将获得新店 1/4 的股份。现在，昔日的小姑娘已经成为一家大型餐饮企业的老板了。

故事中小姑娘的成绩固然让大家羡慕，但她那种积极进取、主动工作的精神更值得我们每一个人学习。积极主动的精神会让人意识到肩负的使命，并为完成使命全力以赴。只有积极主动地工作，你才会在公司中体现自己的价值。一名具有主动精神的员工，不管现在如何，都会比那些只把自己当雇员的人更容易获得成功。

让行动决定一切

"说一尺不如行一寸"，只有行动才能缩短自己与目标之间的距离，只有行动才能把理想变成现实。西点军校就深谙这一点，以行动为准则，用实际说话。

西点军校流传着这么一个老故事，讲的是一位长相粗犷的士兵在别人围坐在营火旁讲述自己的大无畏故事、吹嘘自己的个人成就时，他却在拨着营火的余烬。尽管这位沉默的士兵什么故事也没讲，其他人对他却怀着同样的敬重。之所以这样，是因为他摒弃了自我吹嘘的机会，而用实际行动对每个人做着贡献。

所以，西点人把少说话、多做事奉为行动的准则，通过脚踏实地的行动，完美复命，提升自我。而且，只停留在"想"的阶段永远不可能有所成就，只有立即行动才能获得成功。

1973年，布雷德利获得塞耶奖发表演讲时，反复要求西点学员要学会踏踏实实地做事，绝不迟到、绝不拖延。在西点的游泳救生训练中，学员们最害怕的一个动作是：穿着军服、背着背包和步枪，从近10米的高台上跳进游泳池，然后在水中解开背包，脱掉皮鞋和上衣，把这些东西绑在临时的浮板上。尽管学员们事前都反复演练过每一个动作，但是真到了要往下跳的那一刻，大部分人还是会迟疑，走到跳板尽头之后就会停下来。当然，学员是绝不会退缩的，因为那意味着被勒令退学。尽管有些犹豫，他们最终还是会行动起来，纵身跃下，相信这成功一跃之后的兴奋之情是无法言说的。行动产生了信心，信心又促进了行动。在西点军校，行动指引着一切。

洛克菲勒曾说："不要等待奇迹发生才开始实践你的梦想。今天就开始行动！"行动是治愈恐惧的良药，而犹豫、拖延将不断滋养恐惧。

为此，西点军校创造了一个理想的教育环境，在这个环境中，学员并不是随随便便无论什么时候想在图书馆都行，他必须在规定的时间里尽最大努力做完规定的事。他必须今日事今日毕，绝不能将任何事情拖到第二天。"绝不将任何事情拖到第二天"的要求，使学员自觉适应军校生活、自觉完成规定课程，自我提升的意识也明显增强。

在西点军校，每个学员都有责任了解军官基本素质培训的标准，并严格按规划要求达到这个标准。在第一学年里，学员要熟悉4年教育计划的主要条款。教官要与学员共同研究具体落实目标。就拿军事教育计划来说吧，战术教官将在秋季学期中与每个一年级学员讨论具体实施问题。学员要正确估价自己的信念、价值和信仰，对要达到的目标和标准做出承诺。在第二学年里，学员通过承担一定的责任和领导职务（如在野外训练中担任上士、副班长、营区值日员等），以及行使增加的特权，加深对自我约束重要意义的认识。西点人对个人负责需要毫不含糊，对更大范围的事情负责更要毫不马虎，中规中矩，表现出军人的干净利落。

"绝不将任何事情拖到第二天"，这是严格的军人准则，也是战争需要的准则。迅捷、及时、准确是军事活动中最宝贵的概念。就作战而言，只有快速、准确才能出其不意，攻其不备，使敌人措手不及，才能把握战机，争取主动，稳操胜券。

西点人就像卓越的职场人士一样，喜欢用实际行动来表现自己，而非空洞的语言和虚假的宣传。因为他们相信，只有行动才能更好地说明一切，才能赢得真正的胜利。

所以，职场中的我们，要积极行动起来，只有积极行动，才能脱颖而出，同时，要养成马上行动的习惯。只有马上行动才能把握这一切。

迈克是伦敦一家公司的基层职员，他的外号叫"奔跑的鸭子"。他总像一只笨拙的鸭子一样在办公室飞来飞去，即使是职位比迈克还低的人，都可以支使迈克去办事。后来，迈克被调入销售部。一次，公司下达了一项任务：必须完成本年度500万美元的销售额。

销售部经理认为这个目标是不可能实现的，开始私下里怨天尤人，并认为老板对他太苛刻。迈克却没有这样，他从不抱怨，只知埋头苦干，距年终还有1个月的时候，他已经全部完成了原定的销售额。其他人可就没迈克那么幸运了，他们只完成了目标的50%。羞愧难当的经理主动提出了辞职，而迈克被任命为新的销售部经理。"奔跑的鸭子"迈克在上任后忘我地工作。他的行为感染了其他人，在年底的最后一天，他们竟然完成了剩下的50%。后来，该公司被另一家公司收购。新公司的董事长第一天来上班时，亲自任命迈克为这家公司的总经理。因为在双方商谈收购的过程中，这位董事长多次光临公司，这位"奔跑的鸭子"

给他留下了深刻印象。从不抱怨、只知执行的迈克不但给公司带来了丰厚的利润，也给自己带来了美好的前程。

或许你也会经常问：成功的秘诀是什么？答案很简单，就是像迈克那样执行任务，无条件地执行，马上执行。"一等二靠三落空，一想二干三成功。"成功的秘诀往往就是这么简单。

在一次众多企业老总举办的管理沙龙上，主持人做了这么一个测验，要求参与人员在 20 分钟内，将一份紧急材料送给某报社社长，并请他在回条上签字。主持人特别申明：不得拆看信中材料。在这次测验中，有一名会员大胆地打开了资料袋，发现是个空信封，然后提出了若干批评意见。主持人问各位受邀嘉宾："作为一名执行者，你认为他这样做，对吗？"在场的老总回答的内容虽然五花八门，但几乎所有人的答案都是一致的："打开信封是不对的，绝对不能看。"

在公司里，一名执行人员可以在执行任务之前尽量了解事实的背景，但接受任务就必须马上执行。领导的命令，有的可以与执行者沟通，讲清理由；有的不行，有一定的机密，只要去做即可。

对于工作任务，我们需要做的就是去完成，而且是充满激情地完成。如果员工首先充满怀疑，不管怀疑大小，团体的目标都会因此大打折扣。

在一次行动力研习会上，主讲师做了一个游戏。他说："现在我请各位一起来做一个游戏，大家必须用心投入，并且采取行动。"他从钱包里掏出一张面值 100 元的人民币，说："现在有谁愿意拿50 元来换这张 100 元人民币？"

他说了几次，但很久没有人行动，最后终于有一个人跑向讲台，但仍然用一种怀疑的眼光看着主讲师和那一张 100 元人民币，不敢行动。那位主讲师提醒说："要配合，要参与，要行动。"跑上讲台的人才采取行动，终于换回了那 100 元，顷刻赚了 50 元。最后，主讲师说出了这个游戏的寓意所在："凡事马上行动，立刻行动，才会有所收获。"

有一位心理学家多年来一直在探寻成功人士的精神世界，他发现了两种本质的力量：一种是在严格而缜密的逻辑思维引导下艰苦工作；另一种是在突发、热烈的灵感激励下立即行动。

当可能改变命运的灵感在世俗生活中喷发时，绝大多数人习惯于将它窒息，而后又回到原来的生活轨道：什么时候该做什么照常做什么。他们并没有意识到，内在的冲动是人类潜意识通向客观世界的直达快车。员工接到任务之后也是一样，不管领导决策对不对，马上执行才是第一位的。如果等到你问清一切问题，最佳时机可能早已失去。很多聪明的职场人士就是善于把握这一点，毫不犹豫地抓住一切有利时机，才将成功的果实紧紧地攥在了自己手中！

但与马上行动相反，有些人总是被动接受任务，把工作往后拖延。他们擅长找出成千上万个理由辩解为什么事情无法完成，而对事情应该完成的理由想得少之又少。殊不知，许多简单的事情将就此变得复杂，许多本可成功的事情将因此变得毫无希望。更重要的是，拖延会不知不觉地消耗我们的生命。

我们在做任何事的时候，都要积极行动、自觉行动、绝不拖延，只有这样，效率才会更高，工作才会更出色。

专注 + 方法 = 事半功倍

你整天都在做事，不是吗？假如你早上 7 点钟起床，晚上 11 点睡觉，你就整整做了 16 个小时的事情。对大多数人而言，他在 16 个小时之内很可能是在做各种各样的事，而假如你只做一件，并将所有时间都运用在一个方向、一个目标上，你一样会成功。

有人把专心界定为这样：把意识集中在某个特定的欲望上的行为，并要一直集中到已经找出实现这一欲望的方法，并且成功地将之付诸实际行动上去。拿破仑·希尔的一位朋友发现自己患了一般人所说的健忘症。这里引用他的话，告诉你他是怎样克服他的这项障碍的：

我已经 50 岁了。10 年来，我一直在一家大工厂担任某个部门的经理。起初我的工作很轻松，随着公司业务的扩大，我的责任也越发重了。我手下的几个年轻人已经表现出不同寻常的能力与精神，他们大有取我而代之的势头。和我同龄的人大都希望过舒适的生活，而且，我在公司已经服务那么长的时间，因此，我觉得我大可以轻轻松松地工作，安心地在公司待下去。但这种心理态度几乎使我失掉我的职位。大约两年前，我开始注意到，我专心工作的能力已经衰退了，我的工作令我心烦。我忘记处理信件，直到桌子上的信件堆积如山。各种报告也被我无意地积压下来，我的部属大感不便。我人虽然在办公室，可心不知早就跑到哪儿去了。

一切的情形都显示出，我的心思并没有放在工作上。我忘记参加公司一个重要的主管会议。我手下的职员发现我在估计货物时，犯了一个很严重的错误。虽然他没有让总经理知道这件事。对于这一切，我感到惊讶。于是我请了一个星期的假，希望静下来，把这一切情形都好好想一想。我在一处偏远山区，严肃认真地反省了几天，使我深信自己是患了健忘症。

我缺乏专心工作的力量，没有办法全力以赴地工作。这完全是因为自己思想未放在工作上的缘故。我在满意地诊断出自己的问题后，就积极寻求补救之道。我需要培养一套全新的工作习惯，我决心要达到这个目标。每天，我拿出纸笔，写下我一天的工作计划。首先，处理早上的信件，然后，填写表格、口授信件、召集部属开会、处理各项工作。每天下班之前，先把办公桌收拾干净，然后才离开办公室。我在心里问自己："如何培养这些习惯呢？"获得的答案是：重复这些工作。我每天以同样的兴趣去从事同样的工作，而且尽可能地在每天的同一时间内进行相同的工作。

当我发现自己的思想又开始想到别处时，我立刻把它叫了回来。利用我的意志力所创造出的一种心理的刺激力量，使我不断地在培养习惯方面获得进步。后来，我发现，我每天虽然做同样的事情，但却感到很愉快，这时，我知道我已经成功了。汽车大王亨利·福特说："我有的是时间，因为我从来不离开工作岗位；我不认为人可以离开工作，他应该连做梦也是工作。"

运动能使肌肉发达，工作时全神贯注是否也能促发脑部相关部分的功能呢？美国俄勒冈大学心理学教授迈克尔·波斯纳利用正电子放射层析X扫描器和脑电描记录器记录全神贯注工作时的人脑活动。受试者初次做某种工作时，脑部的血流量和电子流动都会增加，后来对这种工作熟练了，脑部的血液流量和电子放射量就减少。波斯纳认为，我们越常练习聚精会神，脑部的活动就越没有必要增加。在某一领域练就的心理技能，可以转用于别的领域。

在西点军校教导未来战地指挥官如何保持专注的路易·乔卡说："关键在于学习克服内在或外在的'噪声'和干扰。"比方说，假如你爱好爵士乐，不妨播放些音乐，然后设法只听中音萨克斯管，不听别的，借此练习集中精神的能力。

加州口腔医生艾尔·司徒伦保每天都在同一时间起床，开车走同一路线上班，把车停在同一个停车位。他穿外科手术服时总是先穿上衣，再穿裤子；总是先洗右手，再洗左手；检视病人时总是站在同一个位置。这并不是什么迷信。他按照习惯行事，能够有条不紊地专注于某件事。芝加哥大学人类学教授哈利·齐克仁米哈勒认为："这就好像比赛前的运动员或主持典礼的牧师，习惯性的行为能使人较易全神贯注于眼前的挑战。习惯性的活动使人把精神重新集中起来。"

你可以为任何工作制订一套行事程序。假如你不太喜欢手头的工作，不妨为自己建立一个工作顺序：先给自己泡杯茶，然后清理书桌，把笔放在左边，把计算机、电话放在右边，最后开始做自己的工作。天天如此，要不了多久，你就能在做熟这些程序后自然而然地进入全神贯注的状态，并且全力以赴地工作了。

心理学家威廉·詹姆斯在100年前宣称，人类只使用了自己极小部分的潜力。我们的工作大多数都是例行的，或者是千篇一律的。于是，我们的脑子常常几乎是闲着的。由于我们"无法全心投入"，结果就可能发生因疏忽而引起的错误，或者觉得工作没劲，甚至苦不堪言。齐克仁米哈勒说："我们的技能如果只够应付眼前的挑战，则专注的程度最高。"要想轻松地完成一件简单乏味的工作，唯一的办法就是增加这个工作的难度。不妨把沉闷的工作转变成具有挑战性的比赛，跟别人比，跟从前的自己比，以便充分发挥自己的潜力，制订规则和目标给自己一个时限。这样增加挑战性也许能够迫使你进入理想的全神贯注状态。因为为了超越别人、超越自己，你必须全力以赴。

在做一件事情时，你甚至可以在做每一个步骤时都把它说出来，这样不仅有助于全神贯注，而且能够提醒自己遗忘了哪些步骤。自言自语也有"摒除噪声"的作用，使你不易分心。一位年轻滑雪选手对观众的叫嚷声和纷飞的雪花感到心烦。教练适时地提醒："看着前面"。这位选手于是像念咒似的反复说着"看着前面，看着前面，看着前面"，他终于把精神集中起来了，并取得了不错的成绩。

国外有一种赤脚走过火炭的游戏，这种游戏的关键也是自言自语的心理暗示。宾夕法尼亚州大西洋教育研究所的罗恩·裴卡拉曾对几十位参加过这种游戏的人做过调查研究，结果发现，火炭的温度高达 650 摄氏度以上，那些分心的人最后多半脚底起了水泡，而专心地反复自言自语"冰凉沼泽，冰凉沼泽"的人则丝毫未伤。裴卡拉认为，专心地重复说同一句话使他们的注意力完全集中，其余的人注意力集中不起来，结果被烧伤了。

老是惦记着后果会使我们心神涣散。你让自己的思想飘向未来，就无法专心致志了，因为你的注意力已随之而去了，你的眼睛中看到的是不可预知的未来。不管你做的是什么，把注意力集中于未来而忽略现在，会使你的表现大为失色。一流的网球运动员心里只会想着如何打出一个漂亮的球，不会想着赢得比赛。连连击出好球，自然就能赢得比赛的胜利。想要保持专心致志，必须把所有注意力集中于此时此地，全部集中于自己的手上。

有时候，休息片刻反而能帮助你快一点完成工作。当你精神紧张、注意力开始无法集中时，不妨停下来深吸一口气，想象自己身在宁静的环境中，或者弯腰垂臂，放松全身肌肉。听点音乐也会有帮助，挑选你认为能使人心旷神怡的乐曲。

当你致力于解决问题却又遇到瓶颈时，突破问题的关键是"对症下药，见缝插针"。

有一个这样的故事：

某家公司，由于频频出错，所以召开会议商议对策。席间有位"愣头青"提议："为了杜绝错误，还是中止一切业务解散公司比较有效。"此言一出，语惊四座。大家先是面面相觑，稍倾则哄堂大笑，这话似有道理却无道理。如依其所言，解散公司，肯定就杜绝了错误，但这不妨让人想起了"治驼不治死"的故事。说得是一位大夫在治别人的驼背时，将病人的驼背踩直。驼背直是直了，却把人踩死了。死者家属找来时，大夫说："治驼不治死。"

　　无论是解散公司以杜绝错误，还是治驼不治死，荒唐之处，都在于没有突破问题的关键。要想成功，也需突破问题的关键，在成功的路上，一旦遇到什么问题，就应了解问题是什么问题、何种程度、原因为何、如何解决、解决问题的关键在什么地方、如何突破关键，这样，问题往往就能迎刃而解。

　　有位刚念完清华的硕士研究生，在应聘时，无论笔试成绩，还是面试时的谈吐，都给人一种"才子"的印象，可他在应聘爱立信、美孚等几家大公司后，都被拒之门外。他苦恼之余开始怀疑自己的能力，久而久之，他心理上出现了一些问题。后来，他到一家培训公司去咨询。在与这位年轻人聊天时，培训公司的培训人员发现他无论才识、谈吐都很出众，但有一点表现出"新人类"的特点：他总是在嚼口香糖。注意到这点后，培训师让他下一次面试时不要嚼口香糖。因为嚼口香糖在大场合是很不礼貌的行为。如其所言，在他第二次向爱立信发了求职信后，在以后的面试、笔试中，他都以傲人的成绩突出重围。现在，他是爱立信的部门经理了。

　　这位清华高才生的例子说明，如果抓住问题的关键，实现突破就是意料中的事情，成功也就指日可待。

　　此外，除了对症下药，还要"见缝插针"，为什么呢？因为"见缝插针"也是平时解决问题的一条出路。见缝插针，指不蛮干，寻求适合自己的方法，抓住问题的关键等内容。比如学游泳，不谙水性的人，由于对水有恐惧感，不敢下水，即使痛下决心，进入浅水池从基本的动作学起，依旧无甚进展，也有这种说法："把他扔到深水池的中央，让他扑腾，自然就学会游泳了。"的确，有人因此学会了游泳。有人因此喝饱了水，有了这种惨痛经历，以后恐怕再也不肯下水游泳了，所以，面对这种情况，要学会"见缝插针"，先分析他是否具有在深水中自救的潜力，如果有，就推他下水，迫其在险境中激发潜能；如果没有，还是让他在浅水区慢慢学习为好。

所以，做事要讲究方法，这样才能事半功倍，同时，不要忘了全力以赴。斯迈尔斯认为，下定决心，不管你做什么，都要全力以赴。一位著名的教练对他的球队说过简短而振奋人心的话："当欢呼声消失了，体育场人去楼空后，当报上的大标题已经印出，你回到自己安静的房间，超级杯奖杯放在桌上，所有的热闹都已消失后，剩下的只有：致力于完美，致力于胜利，致力于尽我们最大的努力，以使这世界变得更好。"所有的人类都是宇宙有创意的表现，我们每个人都是宇宙的一部分。只有我们在致力于完美时，才会去想我们是为何被造。只有视人类为神圣的杰作，才能说明每日的奋斗会使我们变成我们还未达到的人。

规划时间，成功要靠厚积薄发

2009 年，《福布斯》杂志推出了美国最佳大学排行榜，这是该杂志第二年加入美国最佳大学评比的行列。令人吃惊的是，排名第一的不是美国著名的哈佛大学，而是培养陆军军官的西点军校。

《福布斯》杂志评选美国最佳大学主要依据 5 项指标：一、毕业率，即学校是否有效地协助学生按时毕业；二、学校师生在美国和全球的获奖数量；三、学生对老师教学的满意度；四、学生毕业时所担负的平均债务，即学生不必为大学毕业后 8 年要背负偿还大学学费贷款的重负而烦恼；五、学生毕业后的成功程度，包括薪水和取得的成就。《福布斯》杂志在评选中更关注的是学生在大学里的经历、在校园中所受的训练、是否教育出学生对现实世界的适应能力。

在荣膺美国大学第一名的西点军校，学生晚上 11 点半就必须就寝、宿舍中不准有酒、宿舍必须绝对整洁、学生的头发必须整齐、衣服必须烫出线条，学生每学期只有一个星期的假期。西点军校免费提供世界级的一流教育，不收学费，但毕业生必须对国家履行责任。

西点军校这种严格的规划，让学生在潜移默化中学会了规划自己的前途。1986 届西点毕业生、现为美国 7-11 连锁店总裁的戴皮托表示："我从西点学到很多，纪律、如何做一个领导者、对团队精神重要性的理解，这些都是我能够成功的基础。"

西点军校采用的是小班制度，每个班不超过 18 名学生。这种非常"奢侈"的师生比例，对教学质量很有好处，是美国一般大学甚至最有名的大学也难以做到的。由于西点没有硕士和博士学位，所以学校更是将教学的全部重心集中到了本科学生身上。西点军校恐怖主义研究室主任詹姆士谈到，如果观察布朗大学、波士顿学院甚至是斯坦福大学这些名校，他们第一位的使命不是教学，而是为学校争取更多的研究基金，教师将出书看得比教学更重要。像这样的学术明星在西点是看不到的，教师第一位的责任是教好学生。只设本科的西点军校更重视学生的教育规划和实际能力的培养，这直接成为他们进入社会的降落伞。

早在 19 世纪末，意大利经济学家帕累托研究英国人的财富和收益模式时发现，占人口少数的富人占有社会财富的大部分，而占人口总数绝大多数的穷人却处于贫苦的边缘，即所谓的"关键的少数和次要的多数"的规律。这种"关键的少数和次要的多数"的关系就是二八法则，又称为帕累托法则，即指 20% 的事态成因，可以导致 80% 的事态结果。

二八法则给我们的一个重要启示便是：避免将时间花在琐碎的多数问题上，因为就算你花了 80% 的时间，你也只能取得 20% 的成效。你应该将时间花在关键的少数问题上，因为解决这些关键的少数问题，你只需花 20% 的时间，即可取得 80% 的成效。

西点军校并没有把漫长的读研、读博时间当成学校的重点。他们对于时间的规划严格遵循着二八法则，培养出了很多世界知名的精英人物。在追寻成功的道路上，我们也应该合理地利用这种时间规划。否则的话，我们的努力和忙碌很可能是没有效率的。

某部门主管因患心脏病，遵照医生嘱咐每天只上三四个小时的班。他很惊奇地发现，这三四个小时所做的事在质和量方面与以往每天花费八九个钟头所做的事几乎没有两样。他所能提供的唯一解释便是：他的工作时间既然被迫缩短，他只好将它花在最关键的工作上。这或许是他得以维护工作效能与提高工作效率的主要原因。

理查德·科克在牛津大学读书时，学长告诉他："没有必要把一本书从头到尾全部读完，除非你是为了享受读书本身的乐趣。在你读书时，应该领悟这本书的精髓，这比读完整本书有价值得多。"这位学长想表达的意思实际上是：一本书 80% 的价值，已经在 20% 的页数中就已经阐明了，所以只要看完整本书的 20% 就可以了。

理查德·科克很喜欢这种学习方法，而且以后一直沿用它。牛津并没有一个连续的评分系统，课程结束时的期末考试就足以裁定一个学生在学校的成绩。他发现，如果分析了过去的考试试题，把所学到知识的 20%，甚至更少的与课程有关的知识准备充分，就有把握回答好试卷中 80% 的题目。这就是为什么专精于一小部分内容的学生，可以给主考人留下深刻的印象，而那些什么都知道一点但没有一门精通的学生却不尽如考官之意。这项心得让他不用披星戴月终日辛苦地学习，但依然取得了很好的成绩。

理查德·科克到壳牌石油公司工作后，在可怕的炼油厂服务。他很快就意识到，像他这种既年轻又没有什么经验的人，最好的工作也许是咨询业。所以，他去了费城，并且比较轻松地获取了Wharton工商管理的硕士学位，随后加盟一家顶尖的美国咨询公司。上班的第一天，他领到的薪水是壳牌石油公司的4倍。就在这里，理查德·科克发现了许多二八法则的实例。咨询行业80%的成长，来自专业人员不到20%的公司。而80%的快速升职也只有在小公司里才有——有没有才能根本不是主要的问题。当他离开第一家咨询公司，跳槽到第二家的时候，他惊奇地发现，新同事比以前公司的同事更有效率。怎么会出现这样的现象呢？新同事并没有更卖力地工作，但他们在两个主要方面充分利用了二八法则。不久后，理查德·科克确信，对于咨询师和他们的客户来说，努力和报酬之间也没有什么关系，即使有也是微不足道的。

　　一个做事高效的人应当忙于要事，而不是一味地努力，像头老黄牛一样只知道一味地低头向前。

　　在投入与产出、努力与收获、原因和结果之间，普遍存在着不平衡关系。关键的小投入，可以得到多的产出；关键的小努力，可以获得大的成绩；关键的少数，往往是决定整个组织的效率、产出、盈亏和成败的主要因素。

　　因此，在工作中，我们同样需要把握"关键的少数"，才能够产生事半功倍的效果。琐碎的事情往往会消耗大量的时间和精力，而产生的效益却并不大。所以，职场人士要想使自己忙碌的价值最大化，就要把自己的时间和主要精力都集中在那最有价值的20%的工作上。

　　把主要精力都集中在那最有价值的20%的工作上，合理规划时间、规划成功，同时也意味着"不值得的事不值得做好"，把时间留给最重要的事情。

　　《共好》一书的作者肯·布兰德总是将这样的一句话挂在嘴边：

"不值得做的事，就不值得做好！"多年来，很多效率管理专家不断宣扬要有效管理时间，以便解决所有的问题。但是，有些人在细心研究之后，发现了这种观点中不合理的因素，即原本不需要努力有效解决的事情，却在被人们浪费时间去处理，因为当人们花费心思处理那些不重要的事情时，往往会忽略其他重要的事情。

安德鲁·伯利蒂奥是利用时间的"楷模"，他从来不浪费一秒钟的时间，只要时间允许，他就一定会拼命工作。所有知道他的人都说："看，安德鲁·伯利蒂奥真是太会珍惜时间了！"人们都知道，为了能成为一名出色的建筑师，他拼命地想要抓住每一秒钟的时间。

每天，他把大量的时间用在设计和研究上，除此之外，他还负责很多方面的事务，每个人都知道他是个大忙人。他风尘仆仆地从一个地方赶到另一个地方，因为他太负责了，以至于不放心任何人，每一项工作都要自己亲自参与了才放心。时间长了，他自己也感觉到很累。其实，在他的时间里，有很大一部分时间都浪费在管理乱七八糟的事情上。无形中，他增加了自己的工作量。

有人问他："为什么你的时间总是显得不够用呢？"他笑着说："因为我要管的事情太多了！"

后来，一位教授见他整天忙得晕头转向，但仍然没有取得令人骄傲的成绩，便对他说："人大可不必那样忙！"

"人大可不必那样忙！"这句话给了安德鲁·伯利蒂奥很大的启发，就在他听到这句话的一瞬间，他醒悟了。他发现自己虽然整天都在忙，但所做的真正有价值的事实在是太少了！这样做对实现自己的目标不但没有帮助，反而限制了自己的发展。

大梦初醒的安德鲁除去了那些偏离主方向的分力，把时间用在更有价值的事情上。很快，他的一部传世之作《建筑学四书》问世了。该书至今仍被许多建筑师们奉为"圣经"。

他的成功只是因为一句话："人大可不必那样忙！"忙要忙在

点子上，每个人的精力总是有限的，哪怕是神机妙算的诸葛亮也有累死的一天。并不是每一件事情都值得我们鞠躬尽瘁，只有像园丁那样剪去部分枝条，才能使树木更快地茁壮成长，增加果实的数量与质量。

李林是一家纺织公司的销售代表，他对自己的销售记录引以为傲。曾有一次，他向老板表白自己是如何卖力工作，如何劝说服装制造商向公司订货，可是，老板听后只是点点头，淡淡地表示认可。

李林鼓足勇气："我们的业务是销售纺织品，对不对？难道您不喜欢我的客户？"

"不是，但是你把精力放在一个小小的制造商身上，值得吗？请把注意力盯在一次可订 3000 码货物的大客户身上！"老板直视着他，说道。

李林明白了老板的意图——老板要的是为公司赚到大钱。于是李林把手中较小的客户交给另一位经纪人，自己努力去找大客户——为公司带来巨大利润的客户。最后他做到了，为公司赚回了比原来多几十倍的利润。

并不是每一件事情都值得我们全力以赴去做好的，不值得的事情就不值得做好。最聪明的人是那些对无足轻重的事情无动于衷的人，但他们对较重要的事物总是很敏感。那些太专注于小事的人通常会变得对大事无能为力。

生活或者工作中最重要的是懂得什么事情是最重要、最需要解决的，比如学习、锻炼、睡觉、完成任务等。最重要的要放到前面，要知道对于最重要的事来说，早做不如晚做，晚做的成本会越来越高，所以要最先把它完成。

伯利恒钢铁公司总裁理查斯·舒瓦普，为自己和公司的低效率而忧虑，于是去找效率专家艾维·李寻求帮助，希望艾维·李能卖给他一套思维方法，告诉他如何在短时间里完成更多的工作。

艾维·李说:"好！我10分钟就可以教你一套效率至少提高50％的最佳方法。

"把你明天必须要做的最重要的工作记下来，按重要程度编上号码。最重要的排在首位，以此类推。早上一上班，马上从第一项工作做起，一直做到完成为止。然后用同样的方法对待第二项工作、第三项工作……直到你下班为止。即使你花了一整天的时间才完成了第一项工作，也没关系。只要它是最重要的工作，就坚持做下去，每一天都要这样做。在你对这种方法的价值深信不疑之后，叫你的公司的人也这样做。

"这套方法你愿意试多久就试多久，然后给我寄张支票，并填上你认为合适的数字。"舒瓦普认为这个思维方式很有用，不久就填了一张25000美元的支票给艾维·李。舒瓦普后来坚持使用艾维·李教给他的那套方法，5年后，伯利恒钢铁公司从一个鲜为人知的小钢铁厂一跃成为美国最大的不需要外援的钢铁生产企业。舒瓦普常对朋友说："我和整个团队坚持最重要的事情先做，我认为这是我的公司多年来最有价值的一笔投资！"

把时间留给最重要的事如此重要，但却常常被我们遗忘。我们必须让这个重要的观念成为一种工作习惯，每当一项新工作开始时，必须先确定什么是最重要的事，什么是我们应该花最大精力去重点做的事。

分清什么是最重要的并不是一件易事，我们常犯的一个错误是把紧迫的事情当作最重要的事情。

紧迫只是意味着必须立即处理，比如电话铃响了，尽管你正忙得焦头烂额，也不得不放下手边工作去接听。紧迫的事通常是显而易见的，它们会给我们造成压力，逼迫我们马上采取行动。它们往往是令人愉快的、容易完成的、有意思的，却不一定是很重要的。

重要的事情通常是与目标有密切关联的并且会对你的使命、价值观、优先的目标有帮助的事。这里有5个标准可以参照：

（1）完成这些任务可使我更接近自己的主要目标（年度目标、

月目标、周目标、日目标）。

（2）完成这些任务有助于我为实现组织、部门、工作小组的整体目标做出最大贡献。

（3）我在完成这一任务的同时也可以解决其他许多问题。

（4）完成这些任务能使我获得短期或长期的最大利益，比如得到公司的认可或赢得公司的股票，等等。

（5）这些任务一旦完不成，会产生严重的负面作用：生气、责备、干扰，等等。

根据紧迫性和重要性，我们可以将每天面对的事情分为4类，即重要且紧迫的事、重要但不紧迫的事、紧迫但不重要的事、不紧迫也不重要的事。

只有合理高效地解决了重要而且紧迫的事情，你才有可能获得最大的成效。而重要但不紧迫的事情要求我们具有更多的主动性、积极性、自觉性，早早准备，防患于未然。剩下的两类事或许有一点价值，但对目标的完成没有太大的影响。

你在平时的工作中，把大部分的时间花在哪类事情上？如果你长期把大量时间花在紧迫但不重要的事情上，可以想象你每天的忙乱程度，一个又一个问题会像海浪一样向你冲来。你十分被动地一一解决。长此以往，你早晚有一天会被击倒、压垮，老板再也不敢把重要的任务交付给你。

只有重要而不紧迫的事才是需要花大量时间去做的事。它虽然并不紧急，但决定了我们的工作业绩。只有养成先做最重要的事的习惯，对最具价值的工作投入充分的时间，工作中重要的事才不会被无限期地拖延。这样，工作对你来说就不会是一场无止境、永远也赢不了的赛跑，而是可以带来丰厚收益的活动。

别为失败找理由

著名的美国西点军校有一个久远的传统，即遇到学长或军官问话，新生只能有四种回答：

"报告长官，是。"

"报告长官，不是。"

"报告长官，没有任何借口。"

"报告长官，我不知道。"

除此之外，不能多说一个字。

新生可能会觉得这个制度不尽公平，例如军官问你："你的腰带这样算擦亮了吗？"你当然希望为自己辩解，如"报告长官，排队的时候有位同学不小心撞到了我"。但是，你只能有以上四种回答，别无其他选择。

在这种情况下你也许只能说："报告长官，不是。"如果学长再问为什么，唯一的适当回答只有："报告长官，没有任何借口。"这既是要新生学习如何忍受不公平——人生并不是永远公平的，同时也是让新生们学习必须承担的道理：现在他们只是军校学生，恪尽职守可能只要做到服装仪容的要求，但是日后他们肩负的却是其他人的生死存亡。因此，"没有任何借口"！

从西点军校出来的学生，许多后来都成为杰出将领或商界奇才，不能不说这是"没有任何借口"的功劳。真诚地对待自己和他人是明智和理智的行为，有些时候，为了寻找借口而绞尽脑汁，不如对自己或他人说"我不知道"。这是诚实的表现，也是对自己和他人负责的表现。对此，齐格勒建议说："如果你能够尽到自己的本分，尽力完成自己应该做的事情，那么总有一天，你能够随心所欲从事自己要做的事情。"

尽自己的本分就要求我们勇于承担责任，承担与面对是一对姐妹，面对是敢于正视问题，而承担意味着解决问题的责任，让自己担当起来。没有勇气，承担就没有基础；没有承担力，面对就没有价值。放弃承担，就是放弃一切。假如一个人除为自己承担之外，还能为他人承担，他就会无往而不胜。

有一只猫，总爱寻找借口来掩饰自己的过失。老鼠逃掉了，它说："我看它太瘦，等以后养肥了再吃不迟。"到河边捉鱼，被鲤鱼的尾巴打了一下，它说："我是不想捉它——捉它还不容易？我就是要利用它的尾巴来洗洗脸。"后来，它掉进河里，同伴们打算救它，它说："你们以为我遇到危险了吗？不，我在游泳……"话没说完，它就沉没了。

"走吧，"同伴们说，"它又在表演潜水了。"

这是一只可怜又可悲的猫，其实世界上有许多人也和它相似，他们自欺欺人，善于为自己的错误寻找借口，结果搬起石头砸了自己的脚，受伤害的总是自己。

人们必须付出巨大的心力才能够成为卓越的人，但是如果只是找个借口搪塞为什么自己不全力以赴的理由，那真是不用费什么力气。

一个被下属的借口搞得不胜其烦的经理在办公室里贴上了这样的标语："这里是'无借口区'。"他宣布，9月是"无借口月"，并告诉所有人："在本月，我们只解决问题，我们不找借口。"这时，一个顾客打来电话抱怨该送的货迟到了，物流经理说："的确如此，货迟了。下次再也不会发生了。"随后他安抚顾客，并承诺补偿。挂断电话后，他说自己本来准备向顾客解释迟到的原因，但想到9月是"无借口月"，也就没有找理由。

后来这位顾客向公司总裁写了一封信，评价了在解决问题时他得到的出色服务。他说，没有听到千篇一律的托词令他感到意外和新鲜，他赞赏公司的"无借口运动"是一个伟大的运动。借口往往与责任相关，高度的责任心产生出色的工作成果。要做一个优秀员工，就要做到没有借口和负责，勇于负责是你的天职。许多员工习惯于等候和按照主管的吩咐做事，似乎这样就可以不负责任，即使出了错也不会受到谴责。这样的心态只能让人觉得你目光短浅，而且永远不会将你列为升迁的人选。

勇于负责就要彻底摒弃借口，借口对我们有百害而无一利。借口的害处已说了这么多，真该建议那些爱找借口的员工像这个例子中的经理一样，为自己设立一个"无借口区"。很多人遇到困难不知道努力解决，而只是想到找借口推卸责任，这样的人很难成为优秀的员工。

休斯·查姆斯在担任国家收银机公司销售经理期间曾面临着一种最为尴尬的情况：该公司的财政发生了困难。这件事被在外头负责推销的销售人员知道了，并因此失去了工作的热忱，销售量开始下跌。到后来，情况更为严重，销售部门不得不召集全体销售员开一次大会，全美各地的销售员皆被召去参加这次会议。查姆斯先生主持了这次会议。

首先，他请手下最佳的几位销售员站起来，要他们说明销售量为何会下跌。这些被唤到名字的销售员一一站起来以后，每个人都有一段最令人震惊的悲惨故事要向大家倾诉：商业不景气、资金缺少、人们都希望等到总统大选揭晓后再买东西等。当第五个销售员开始列举使他无法完成销售配额的种种困难时，查姆斯先生突然跳到一张桌子上，高举双手，要求大家肃静。然后，他说道："停止，我命令大会暂停10分钟，让我把我的皮鞋擦亮。"

然后，他命令坐在附近的一名黑人小工友把他的擦鞋工具箱拿来，并要求这名工友把他的皮鞋擦亮，而他就站在桌子上不动。在场的销售员都惊呆了，他们有些人以为查姆斯先生发疯了，人们开始窃窃私语。在这时，那位黑人小工友先擦亮他的第一只鞋子，然后又擦另一只鞋子，他不慌不忙地擦着，表现出第一流的擦鞋技巧。

皮鞋擦亮之后，查姆斯先生给了小工友一毛钱，然后发表他的演说。他说："我希望你们每个人，好好看看这个小工友。他拥有在我们整个工厂及办公室内擦鞋的特权。他的前任是位白人小男孩，年纪比他大得多。尽管公司每周补贴他5元的薪水，而且工厂里有数千名员工，但他仍然无法从这个公司赚取足以维持他生活的费用。

"这位黑人小男孩不仅可以赚到相当不错的收入，既不需要公司补贴薪水，每周还可以存下一点钱来，而他和他的前任的工作环境完全相同，也在同一家工厂内，工作的对象也完全相同。

"现在我问你们一个问题，那个白人小男孩拉不到更多的生意，是谁的错？是他的错，还是顾客的？"

那些推销员不约而同地大声说：

"当然是那个小男孩的错。"

"正是如此。"查姆斯回答说，"现在我要告诉你们，你们现在推销收银机和一年前的情况完全相同：同样的地区、同样的对象以及同样的商业条件。但是，你们的销售成绩却比不上一年前。这是谁的错？是你们的错，还是顾客的错？"同样又传来如雷般的回答："当然，是我们的错。"

"我很高兴，你们能坦率地承认自己的错。"查姆斯继续说，"我现在要告诉你们。你们的错误在于，你们听到了有关本公司财务发生困难的谣言，这影响了你们的工作热情，因此，你们不像以前那般努力了。只要你们回到自己的销售地区，并保证在以后30天内，每人卖出5台收银机，那么，本公司就不会再发生什么财务危机了。你们愿意这样做吗？"

大家都说"愿意"，后来果然办到了。那些他们曾强调的种种借口：商业不景气、资金缺少、人们都希望等到总统大选揭晓以后再买东西等，仿佛根本不存在似的，统统消失了。

这个例子告诉我们，借口是可以拒绝的，只有勤奋努力地工作才能让你找到成就感。

"拒绝借口"应该成为所有企业奉行的最重要的行为准则，它强调的是每一位员工想尽办法去完成任何一项任务，而不是为没有完成任务去寻找任何借口，哪怕看似合理的借口。其目的是让员工学会适应压力，培养他们不达目的不罢休的毅力。它让每一个员工懂得：工作中是没有任何借口的，失败是没有任何借口的，人生也没有任何借口。

拒绝借口，用行动去落实

在西点军校，教官指导学生习剑时要告诉他们："不要假设如果自己手中的剑再长一点，你就可以击败对方了。事实是，无论你的剑有多长，不主动进攻，也无济于事。只要你前进一步，你的剑自然就变长了。"

西点军校的精英们知道，在残酷的战场上，没有人让你重新再打你曾经打败的一场战斗。只要被打败，你就要付出惨重的代价，所以，必须要扔掉那些找借口的想法。

当西点毕业的格兰特将军赢得了美国内战的胜利，开辟了美国历史的新篇章后，很多人开始寻找格兰特制胜的原因。在格兰特将军做了美国总统后，有一次，他到西点军校视察，一名学生毕恭毕敬地对格兰特说：

"总统先生，请问西点军校授予您什么精神使您义无反顾、勇往直前？"

"没有任何借口。"格兰特的回答铿锵有力、掷地有声。

"如果您在战争中打了败仗，您必须为自己的失败找一个借口时，您怎么做？"

"我唯一的借口就是：没有任何借口。"

执行任务，不找任何借口地去落实，这是千百年来每个士兵乃至将军最基本的职责。军人的天职就是无条件地执行上级的命令，全力以赴地完成，即使牺牲自己的生命也在所不惜。成功的人没有借口，不成功的人也有一种共同的性格特征，他们知道失败的原因，并且对于自己有着他们认为的一套托词。

制造借口是人类本能的习惯，这种习惯是难于打破的，尤其是我们要以此作为某事的借口之时。艾乐勃·赫巴德说："我对自己一向是个谜，为何人们用这么多的时间制造借口以掩饰他们的弱点，并且故意愚弄自己。如果用在正确的用途上，这些时间足够矫正这些弱点，那时便不需要借口了。"

比尔·盖茨也说："一心想着享乐，又为享乐找借口，这就是怠惰。"任何人在任何时候都能找到"充分"的理由证明"失败与我无关"，即使对于关系到自身前途和命运的问题，我们也能够找出理由来为自己开脱。当我们以别人配合不利为借口时，其实就是在纵容自己的依赖心；当我们抱怨环境不好、机会难寻的时候，其实正在姑息自己的懦弱和懒惰。

通常情况下，有两种人老是为自己找借口。第一种人是从一开始就找借口为自己开脱，他根本"不想去做"。在日常生活和工作中，我们经常会听到各种各样的借口，"那个客人我对付不了"；"我现在下班了，明天再说吧"；"我明天有事情，完不成这个工作"；"我很忙，现在没空"；"这件事不能怪我，不适合我来干"……诸如此类的借口，让人哭笑不得、无可奈何。

第二种人一开始也努力去做，或者看似努力，实际上根本没有全力以赴，他们习惯于为失败找借口。"我已经尽了全力了，最后没做好不能怪我一个人"；"对手太强大了，我和他们进行了很长时间的竞争"；"我已经做了分内的事，难道还让我为我不该做的事负责"；"小李中间出了差错，不是我不行"等。这一类人尝试去做，但是他们都没有竭尽所能，他们寻找看似合理的借口为自己的半途而废百般辩解。

一个又一个的借口只会使我们的激情、热情和信心都退缩到阴暗的角落里，而自己的自私、怯懦、懈怠、懒惰等却被披着借口的外衣堂而皇之地登上舞台。

1861年，林肯就职总统之后发现美国对战争的准备严重不足。联邦只有一支装备简陋、训练欠缺的16000人的队伍，而它的指挥官——斯科特，已是一位75岁高龄的老将军。林肯非常清楚，为了拯救整个国家免于分裂，他需要一个不找借口且具执行力的人。林肯决定试一试众人眼里极富军事才能的乔治·麦克莱伦。

麦克莱伦有极高的声望和出色的组织能力，但是他有一个致命弱点掩盖了他军事生涯的所有优秀表现，那就是他总是瞻前顾后，习惯于过多地思考问题，然后寻找理所当然的借口而不肯采取行动。他根本就不愿意去战斗。

将近3个月过去了，麦克莱伦没有采取任何行动，林肯只能一次次督促他行动。

1862年4月9日，林肯再次给麦克莱伦写信督促他采取行动。"我再次告诉你，你不管怎样也得进攻一次吧！"在信的结尾林肯甚至恳切地写道："我希望你明白，我从来没有这样友好地给你写过信，我实际比以往任何时候都更支持你，但无论如何能不能找任何借口，打上一仗？"

在林肯发出此信之后的一个月，麦克莱伦的军队继续延误战机，林肯只得在国务卿斯坦顿和蔡斯的陪同下亲临前线督战，而麦克莱伦竟然借口脱不开身不肯来与林肯会合。虽然这时林肯仍不愿撤换麦克莱伦将军，但他知道要想有所改变，要想国家早些得到一个和平发展的环境，就必须当机立断撤换将军。1862年7月11日，林肯委任亨利·哈勒克将军为联邦司令，这时距麦克莱伦被任命为联邦总司令的时间还不到 1 年。

　　懦弱的人寻找借口，想通过借口心安理得地为自己开脱；失败的人寻找借口，想通过借口原谅自己，也求得别人的原谅；平庸的人寻找借口，想通过借口欺骗自己，也使别人受骗。但是，借口不是理由，找借口给人带来的严重后果就是让你失去实现成功的机会，最终一事无成。

　　罗斯是公司里的一位老员工了，以前专门负责跑业务，深得上司的器重。只是有一次，在他手里把公司的一笔业务让别人捷足先登抢走了，造成了一定的损失。事后，他很合情合理地解释了失去这笔业务的原因。那是因为他的腿伤发作，比竞争对手迟到半个钟头。以后，每当公司要他出去联系有点棘手的业务时，他总是以他的脚不行，不能胜任这项工作为借口而推诿。

　　罗斯的一只脚有点轻微的跛，那是一次出差途中出了车祸引起的，留下了一点后遗症，根本不影响他的形象，也不影响他的工作。如果不仔细看，是看不出来的。

　　第一次，上司比较理解他，原谅了他。罗斯好不得意，他知道这是一宗费力不讨好比较难办的业务，他庆幸自己的明智，如果没办好，那多丢面子啊。

　　但如果有比较好揽的业务时，他又跑到上司面前，说脚不行，要求在业务方面有所照顾，比如就易避难、趋近避远，如此种种，他大部分的时间和精力都花在如何寻找更合理的借口身上。碰到难办的业务能推的就推，好办的差事能争就争。时间一长，他的业务成绩直线下滑，最后因为业绩太差而被炒了鱿鱼。

　　有哪个公司愿意要这样一个时时刻刻找借口的员工呢？罗斯被炒也是情理之中的事。善于找借口的员工往往就像罗斯一样，因为糊弄自己的工作而"糊弄"了自己。

　　乔治·华盛顿·卡佛说："99％的人之所以做事失败，是因为他们有找借口的恶习。"

　　找借口的代价非常大，因为你不愿正视事实，只是千方百计地想着如何推脱责任。一个令我们心安理得的借口，往往使我们失去改正错误的机会，更使我们失去进步的动力。世界上喜欢找借口的人很多，他们自欺欺人、善于为自己的错误寻找借口，结果搬起石头砸了自己的脚，受伤害的总是自己。工作中的各类借口带来的唯一"好处"，就是让你不断地为自己的失职寻找借口，长此以往，你可能就会形成一种寻找借口的习惯，任由借口牵着你的鼻子走。这种习惯具有很大的破坏性，它使人丧失进取心，让自己松懈、退缩甚至放弃。在这种习惯的作用下，即使明知做了错误的事，你也不会主动想办法解决。一旦养成找借口的习惯，你的工作就会拖拖拉拉、效率低下，做起事来就会偷工减料、敷衍了事，这样的人面对任务不可能有破釜沉舟的勇气和决心，也很难有成功的人生。

有两个极其爱好文学的青年，其中有一个天赋极高，才思敏锐，另外一个则显得平平庸庸。他们都立志要成为一流的作家。

于是，他们约定10年后看看谁的作品更优秀。

天赋高的那位恃才傲物，有人要求他写几首诗，他总是说："我最近很忙。"有人提醒他最近某地有文学大赛，你可以一展身手，他推托说："我正在准备素材。"有人劝慰他说，你应该展示自己的才华了，他无所谓地说："我正在等候时机。"有人告诉他，你不能再浪费自己的时间了，他回答说："再等等，再等等……"

于是，他终日吃喝玩乐，时间久了，笔力自然拙笨，文思也就减退了。最后，竟然到了提笔忘字的地步。

"我本来应该……"

"我本来可以……咳！"

"如果当初……该多好啊！"

而那个天赋一般的青年没有放任时间的流逝，他不耻下问，四方拜师，苦心钻研一代又一代成功作家的作品和学术论著。他不断尝试着写作，不怕拙劣，敢于拿自己的作品向别人请教，虚心接受别人的意见和建议。

10年过去了，他的作品比之当初，简直是判若云泥，受到很多读者的喜爱，也备受同行的推崇，成为著名的作家。

有许多人像上文中那位有天赋的年轻人一样，喜欢用漂亮的借口来掩饰自己的惰性，不去实实在在地落实。可是过了一段时间，你再去问，他还是在准备的过程中，到最后计划还是没有付诸行动，空让时间白白浪费，这样的人永远也不可能实现自己的理想。学会少找借口，却能让我们更成功。

费丁南·华伦是一位商业艺术家，他曾讲述这么一个故事：

有些艺术编辑要求他们所交下来的任务立即完成。在这种情况下，难免会发生一些小错误。我认识某位艺术组长，总是喜欢从鸡蛋里挑骨头。我每次离开他的办公室时，总觉得倒胃口，不是因为他的批评，而是因为他攻击我的方法。最近，我交了一件匆忙完成的画稿给他，他打电话给我，要我立即到他的办公室去，说是出了问题。当我到了他的办公室后，正如我所料——麻烦来了。他满怀敌意，很高兴有了挑剔我的机会。他恶意地责备了我一大堆。这正好是我运用所学到的自我批评的机会。因此我说："先生，如果你的话不错，我的失误一定不可原谅。我为你画稿这么多年，该知道怎么画才对。我觉得惭愧。"

他立刻开始为我辩护起来："是的，你的话没有错，不过这终究不是一个严重的错误。只是……"

我打断了他。我说："任何错误要付的代价都可能很大，叫人不舒服。"

他开始插嘴，但我不让他插嘴。我很满意，有生之年第一次批评自己——我很高兴这样做。

"我应该更小心一点才好，"我继续说，"你给我的工作很多，照理应该使你满意。因此，我打算重新再来。"

"不，不！"他反对起来，"我不想那样麻烦你。"他开始赞扬我的作品，告诉我只要稍微改动一点就行了，又说，一点小错不会多花他公司多少钱。毕竟，这只是小节——不值得担心。

我急切地批评自己，使他怒气全消了。结果，他还邀我同进午餐，分手之前，他开给我一张支票，又交代我另一项工作。

从这个故事中可知，只有缺乏智慧的人才会为自己的错误寻找借口，强词夺理。他这样做，只能使自己处于更加不利的地位。而一个不为自己寻找借口，能坦然承认自己错误的人，往往就能赢得别人的谅解和敬重。

一个习惯找借口的人是一个对自己不负责任的人，遇到问题不从自身找原因，这样的人是无法成大器的。这样的人看不到自身的缺点，无法在实践中不断磨炼、发现自己的缺点，并不断修正，所以就无法取得进步，他的水平一直停留在原地，当别人都在往前跑的时候，他却在原地踏步，那就相当于大踏步地往后退。只有抛弃借口，勇敢地去落实，我们与成功才能真正牵手结缘。

别让借口成为习惯

西点军校学员罗文上校说过："西点学员中，有很多人都是'没有任何借口'这一理念最完美的执行者和诠释者。都是能够秉持着'没有任何借口'这一行为准则，成功地把信送给加西亚将军。""没有任何借口"是西点军校奉行的最重要的行为准则。

"没有任何借口"看起来过于绝对、很不公平，但是人生并不是永远公平的。西点军校就是要让学员明白，无论遭遇什么样的环境，都必须学会对自己的一切行为负责！学员在校时只是年轻的军校学生，但是日后肩负的却是自己和其他人的生死存亡乃至整个国家的安全。在生死关头，你还能到哪里去找借口？哪怕最后找到了失败的借口又能如何？"没有任何借口"，让西点学员养成了毫不畏惧的决心、坚强的毅力、完美的执行力以及在限定时间内把握每一分每一秒去完成任何一项任务的信心和信念。

任何借口都是推卸责任，在责任和借口之间，选择责任还是选择借口，体现了一个人的工作态度，同时，也决定了他的工作效能。有了问题，特别是难以解决的问题时，有一个基本原则可用，而且永远适用。这个原则非常简单，就是永远不放弃，永远不为自己找借口。一个人对待生活和工作的态度是决定他能否做好事情的关键。首先改变一下自己的心态，这才是最重要的！很多人在工作中寻找各种各样的借口来为遇到的问题开脱，一旦养成习惯，这是非常危险的。

人的习惯是在不知不觉中养成的，是某种行为、思想、态度在脑海深处逐步成型的一个漫长过程。因其形成不易，所以一旦某种习惯形成了，就具有很强的惯性，很难根除。它总是在潜意识里告诉你，这个事这样做，那个事那样做。在习惯的作用下，哪怕是做出了不好的事，你也会觉得理所当然。特别是在面对突发事件时，习惯的惯性作用就表现得更为明显，比如说寻找借口。如果在工作中以某种借口为自己的过错和应负的责任开脱，第一次可能你会沉浸在借口为自己带来的暂时的舒适和安全之中而不自知其潜伏的隐患。这种借口所带来的"好处"会让你第二次、第三次为自己寻找借口，因为在你的思想里，已经接受了这种寻找借口的行为。不幸的是，你很可能就会形成一种寻找借口的习惯。这是一种十分可怕的消极的心理习惯，它会让你的工作变得拖沓而没有效率，会让你变得消极，最终一事无成。

我们所处环境虽然与西点军校不同，但我们始终要有敢担负任何重任的决心和勇气。尤其是在工作当中，自己要学会给自己加码，始终以行动为见证，而不是编织一些花言巧语为自己开脱。我们无须任何借口，哪里有困难，哪里有需要，我们就义无反顾。借口是一种不好的习惯，一旦养成了找借口的习惯，你的工作就会拖沓、没有效率。

人的一生中会形成很多种习惯，有的是好的，有的是不好的。良好的习惯对一个人影响重大，而不好的习惯所带来的负面作用会更大。下面的五种习惯，是作为一名高效能人士所必须具备的习惯，它甚至是每一个成功人士都应该具有的习惯。这些习惯并不复杂，但坚持去做，你就能成为一名负责任、不找借口的员工。

（1）延长工作时间

许多人对这个习惯不屑一顾，认为只要自己在上班时间提高效率，就没有必要再加班加点。实际上，延长工作时间的习惯对管理者的确非常重要。作为一名高效能人士，你不仅要将本职工作处理得井井有条，还要应付其他突发事件，思考部门及公司的管理及发展规划等。有大量的事情不是在上班时间出现，也不是在上班时间可以解决的。这需要你根据公司的需要随时为公司工作。需要你延长工作时间。

当然，根据不同的事情，超额工作的方式也有不同。如为了完成一个计划，可以在公司加班；为了厘清工作思路，可以在周末看书和思考；为了获取信息，可以在业余时间与朋友们联络。总之，你所做的这一切，可以使你在公司更加称职。

（2）始终表现出你对公司及产品的兴趣和热情

作为一名高效能人士，你应该利用每一次机会，表现你对公司及其产品的兴趣和热情，不论是在工作时间，还是在下班后；不论是对公司员工，还是对客户及朋友。当你向别人传播你对公司的兴趣和热情时，别人也会从你身上体会到你的自信及对公司的信心。没有人喜欢与悲观厌世的人打交道，同样，公司也不愿让对公司的发展悲观失望、毫无责任感的人担任重要职务。

（3）自愿承担艰巨的任务

公司的每个部门和每个岗位都有自己的职责，但总有一些突发事件无法明确地划分到哪个部门或个人，而这些事情往往是比较紧急或重要的。对于一名高效能员工来讲，此时就应该从维护公司利益的角度出发，积极去处理这些事情。

如果这是一项艰巨的任务，你就更应该主动去承担。不论事情成败与否，这种迎难而上的精神也会让大家对你产生认同。另外，承担艰巨的任务是锻炼自己能力难得的机会，长此以往，你的能力和经验会迅速提升。在完成这些艰巨任务的过程中，你可能会感到很痛苦，但痛苦却会让你变得更加成熟。

（4）在工作时间避免闲谈

可能你的工作效率很高，可能你现在工作很累，需要放松，但你一定要注意，不要在工作时间做与工作无关的事情。这些事情中最常见的就是闲谈。在公司，并不是每个人都很清楚你当前的工作任务和工作效率，所以闲谈只能让人感觉你很懒散或很不重视工作。另外，闲谈也会影响他人的工作，引起别人的反感。

你也不要做其他与工作无关的事情，如听音乐、看报纸等。如果你没有事做，可以看看本专业的相关书籍，查找一下最新的专业资料。

（5）向有关部门提出管理的问题和建议

抛弃找借口的习惯，你就不会为工作中出现的问题而沮丧，甚至你可以在工作中学会大量的解决问题的技巧，这样借口不会离你越来越远。有了问题，特别是难以解决的问题，可能让你懊恼万分。这时候，有一个基本原则可用，而且永远适用，这个原则非常简单，就是永远不放弃，永远不为自己找任何借口。

敢于承认不足才能弥补不足

1902 年，西点军校毕业生、曾任校长的麦克阿瑟将军曾说："为了更好地解决问题，你不仅需要助手，也需要对手。"有了竞争，你才能更及时、更深刻地发现自己的不足，从而使自己更趋完善，达到意想不到的效果。

海湾战争之后，一种 M1A2 型坦克开始陆续装备美国陆军，这种坦克的防护装甲目前是世界上最坚固的。M1A2 型坦克的研制者乔治·巴顿中校是美国陆军最优秀的坦克防护装甲专家之一，他接受研制 M1A2 型坦克装甲的任务后，立即找来了毕业于麻省理工学院的著名破坏力专家迈克·马茨工程师。两人各带一个研究小组开始工作。巴顿带着研制小组专门负责研制防护装甲；马茨则带着破坏小组专门负责摧毁巴顿已经研制出来的防护装甲。

刚开始的时候，马茨总是能轻而易举地将巴顿研制的新型装置炸个稀巴烂。巴顿被迫一次又一次地更换材料、修改设计方案。终于有一天，马茨使尽浑身解数也未能奏效。于是，世界上最坚固的坦克在这种近乎疯狂的"破坏"与"反破坏"试验中诞生了，巴顿与马茨也因此而同时荣获了紫心勋章。

对手是一种非常难得的资源，因为越是敌人和仇人，可学的东西才越多。对方要消灭你，一定是倾巢而出，精锐毕现。在他们使出浑身解数的时候，也就是传授你最多招数的时候。那种对竞争对手动辄咬牙切齿，不肯相互帮助，深知不惜背后使绊的人，只是一种街头混混的斗法，不可能有什么大出息。

奥地利作家卡夫卡说："真正的对手会灌输给你大量的勇气。"对待对手，不要一味地愤恨不已，不要寻找太多自欺欺人的借口，敢于承认不足才能弥补不足。因此，我们看问题，也不要老想着找客观理由，而应多从自身方面找起。

有一只色彩斑斓的大蝴蝶，常嘲笑对面的邻居——一只小灰蝶很懒惰。"瞧，它的衣服真脏，永远也洗不干净，总是灰突突的，还有斑点，看看我，一身的衣服多漂亮，飞到哪儿，都是人们眼里的宠儿。在公园里，小孩们追着我，单身的男子说'希望将来的女朋友像我一样漂亮'，甚至有几只小蜜蜂追着我不放，以为我是一朵飘舞的美丽的鲜花呢。"大蝴蝶喋喋不休地向朋友们炫耀着自己的美丽，嘲笑着邻居小灰蝶的懒惰与丑陋。

直到有一天，有个明察秋毫的朋友到它家，才发现对面的小蝴蝶并非懒惰，而是它本身的衣服就是灰色的，但大蝴蝶却始终坚持自己的观点。这位朋友只好把大蝴蝶带到医院眼科检查，医生说："大蝴蝶的眼睛已高度近视了。"其他蝴蝶纷纷说："它应该反省一下，其实是自己有问题。"

缺乏自省能力的人就像这只大蝴蝶一样无视自身的缺点，总是认为别人出了问题，这种思考问题的方法对自身的发展是十分不利的。相反，一个善于自省的人遇到问题往往会审视自己，从自己身上找原因，而不是总把问题推到别人身上。

这个事例告诉我们，当一件事情出现问题后，并不出在别的地方，很可能就出在我们自己身上。但在生活中，很多人失败之后怨天尤人，就是不在自己身上找找原因。其实，一个人失败的原因是多方面的，只有从多方面入手找出失败的原因并针对性地进行自省，才能起到纠错的作用。

有这样一则寓言：一只狐狸在跨越篱笆时滑了一下，幸而抓住一株蔷薇才不致摔倒，可它的脚却被蔷薇的刺扎伤了，流了许多血。受伤的狐狸很不高兴地埋怨蔷薇说："你也太不应该了，在我向你求救的时候，你竟然趁机伤害我！"蔷薇回答说："狐狸啊，你错了！不是我故意要伤害你，我的本性就带刺，是你自己不小心，才被我刺到了。"

在我们的周围，也有很多这样的人，他们在遭遇挫折或犯了错误的时候，不是反躬自问，而是责怪或迁怒别人，这种人很难取得真正的进步。所以，我们遇到问题时，千万不要像故事中的大蝴蝶和狐狸那样，总是责怪别人，而要反躬自问，养成自我纠错的习惯，这样，既有利于问题的解决，又能与他人融洽相处，同时，我们还要学会见贤思齐。

联合利华有一位香皂推销员，就经常主动要求人家给他提出批评。

当他开始为高露洁推销香皂时，订单接得很少，他担心自己会失业。他没有把原因归结到产品和价格上，因为他知道，产品或价格都没有问题，所以问题一定是出在自己身上。每当他推销失败，他会在街上走一走，想想什么地方做得不对，是表达得不够有说服力，还是热忱不足？有时他会折回去问那位商家："我不是回来卖给你香皂的，我希望能得到你的意见与指正。请你告诉我，我刚才什么地方做错了？你的经验比我丰富，事业又成功。请给我一点指正，直言无妨，请不必保留。"

他这个态度为他赢得了许多友谊以及珍贵的忠告。他就是高露洁的总裁立特先生。很多时候，我们都需要学习这种勇于寻找自己缺点进行弥补的精神，时时揽镜自问：我哪方面还存在不足？

说到镜子，中国人很早就知道它的作用。唐太宗李世民说过这样一段话："以铜为镜，可以正衣冠；以古为镜，可以知兴替；以人为镜，可以明得失。"于是这句话便成了警世之语，值得我们每个人回味和深思。很多时候，人们都是通过这种方式不断地完善自己，改善自己的工作状况，使自己得到更快、更广阔的发展。因此，很有必要给自己一面镜子！那么，谁能成为自己的镜子呢？身边的领导、同事与朋友，中外卓越领袖与成功者都是一面面镜子。此外，书本也是一面镜子，要加强学习，始终坚定理想信念。自觉把学习作为一种责任、一种追求、一种境界，孜孜以求，学而不怠。

爱因斯坦就说过，99%的时间他的结论都是错的！因此我们需要时时进行自省。

有一位全职太太向心理咨询师说，她的婚姻濒临破裂，不知道怎么办好。原来，她总是怀疑自己的丈夫对自己不忠，处处指责丈夫的不是，渐渐地，在她丈夫眼里，家就成了一个很大的负担，快承受不住的丈夫在与朋友的聊天中吐露出离婚的想法。消息传到她耳中，她才感到手足无措，她想挽回却不知如何去做。

心理咨询师说，现在这种情况，不要追究任何人的责任，先检讨一下自己，如果你能做到这一点，肯定能找到挽救的办法。这位太太于是开始自己责问自己，并迅速改变了态度，不久就得到了丈夫的原谅，夫妻俩过得很幸福。有人问她是怎么做到的，怎么改变得这么快。她笑着说："没什么，我只是想到了，假使丈夫的女秘书走了，他工作起来会很不方便。假使丈夫丧失了一两位知心好友，他会很伤心。可是如果我走了，他有什么损失呢？我只不过是一个自私自利的寄生虫！"

这位太太经过如此忠实的自我检讨，终于把即将破裂的婚姻挽救了回来。生活中如此，工作中亦如此。一般来说，经常自省的人都非常了解自己的优劣，因为他们时时都在仔细检视自己。这种检视也叫作"自我观照"，其实就是跳出自我，以他人的眼光重新观看审察自己的所作所为是否为最佳的选择——审视自己时必须坦率无私。这样做才可以真切地了解自己。

能够时时审视自己的人，一般都很少犯错，因为他们会时时考虑：我到底有多少力量？我能干多少事？我该干什么？我的缺点在哪里？为什么失败了或成功了？这样做就能轻而易举地找出自己的优点和缺点，为以后的行动打下基础。

"人非圣贤，孰能无过？"人生允许出现错误，但不能允许同样的错误犯第二次。犯错不可怕，可怕的是不知道错在哪里。

"成功源自于自我分析""失败是成功之母""检讨是成功之父"。这都是在说明一件事，自我反省、自我分析、自我检讨与成功有莫大的关系。一个最好的自我分析的方法是倾听自己内心的声音。人生中有许多重大的决定，有些决定甚至左右着人生的方向、事业的成败。做好决定、做对决定，往往需要一些忠告。内心深处的声音，正是最好的忠告。

有耐心的人无往而不胜

美国第34任总统艾森豪威尔说过："在这个世界上，没有什么比'坚持'对成功的意义更大。"好事多磨，成功的获取是一个漫长而艰辛的过程，通往成功的每一步都蕴藏着很多的困难和挫折，要想获得成功，实现人生的梦想，就必须戒骄戒躁，具备战胜困难的耐心和不达目的绝不罢休的执着精神。只有有耐心的人才会无往而不胜，首先获得成功。

"登泰山而小天下"，这是成功者的境界，如果达不到这个高度，就不会有这个视野。但是，若想到达这个境地亦非易事，人们从岱庙前起步上山，入南天门，进中天门，上十八盘，登玉皇顶，这一步步拾级而上，起初倒觉轻松，但愈到上面便愈感艰难。十八盘的陡峭与险峻曾使多少登山客望而却步。游人只有振奋不达目的决不罢休的精神，才能登上泰山绝顶，体验杜甫当年"一览众山小"的酣畅意境。

像登泰山一样，世上愈是珍贵之物，愈是让人羡慕的成果，则费时愈长，费力愈大，得之愈难。即便是燕子垒巢，工蜂筑窝也都非一朝一夕的工夫，人们又怎能企望轻而易举便获得成功呢？天上没有掉下来的馅饼，数学家陈景润为了求证"哥德巴赫猜想"，他用过的稿纸几乎可以装满一个小房间；作家姚雪垠为了写成长篇历史小说《李自成》，竟耗费了40年的心血。大量的事实告诉我们：点石成金需耐力和恒心。有这样一个故事：

在美国科罗拉多州长山的山坡上，躺着一棵大树的残躯。自然学家告诉我们，它曾经有过 400 多年的历史。在它漫长的生命里，曾被闪电击中过 14 次，无数次暴风骤雨侵袭过它，都未能让它倒下。但在最后，一小队甲虫的攻击使它永远也站不起来了。那些甲虫从根部向里咬，渐渐伤了树的元气。虽然它们很小，却是持续不断地进攻。这样一个森林中的巨木，闪电不曾将它击倒，狂风暴雨不曾将它动摇，却因一小队用大拇指和食指就能捏死的小甲虫凭借锲而不舍的韧劲而倒了下来。

这是卡耐基引述别人讲过的一个故事，从这个故事，我们发现一个人生哲理，这就是：只要有恒心，以微弱之躯撼大摧坚也平常。

生活中，我们都可能会面对"撼大摧坚"的艰巨任务：运动员要向世界纪录挑战，科学家要解开大自然的奥秘，企业家要跻身世界强者的行列，就是一般人，也会有一些困难的工作要去做。比如你要把一堆砖头从甲地搬到乙地，你如何做呢？

莎士比亚说："斧头虽小，但多次砍劈，终能将一棵坚硬的大树伐倒。"还有一位作家说过："在任何力量与耐心的比赛中，把宝押在耐心上。"

小甲虫的取胜之道，就在耐心和恒心上。

一位青年问著名的小提琴家格拉迪尼："你用了多长时间学琴？"格拉迪尼回答："20 年，每天 12 小时。"也有人问基督教长老会著名牧师利曼·比彻，他为那篇关于"神的政府"的著名布道词，准备了多长时间？牧师回答："大约 40 年。"

恒心往往体现在坚持上。坚持不懈的精神就是有恒心、有耐心的最佳表现。

俗话说得好："滚石不生苔，坚持不懈的乌龟能快过灵巧敏捷的野兔。"如果一个人能每天学习 1 小时，并坚持 12 年，所学到的东西，一定远比坐在学校里接受 4 年高等教育所学到的多。正如布尔沃所说的："恒心与忍耐力是征服者的灵魂，它是人类反抗命运、个人反抗世界、灵魂反抗物质的最有力支持，它也是福音书的精髓。从社会的角度看，考虑到它对种族问题和社会制度的影响，其重要性无论怎样强调也不为过。"

人类迄今为止，还不曾有一项重大的成就不是凭借坚持不懈的精神而实现的。提香的一幅名画曾经在他的画架上搁了 8 年，另一幅也摆放了 7 年。

大发明家爱迪生也曾说："我从来不做投机取巧的事情。我的发明除了照相术，也没有一项是由于幸运之神的光顾。一旦我下定决心，知道我应该往哪个方向努力，我就会勇往直前，一遍一遍地试验，直到产生最终的结果。"

凡事不能持之以恒，正是很多人最后失败的根源。英国诗人布朗宁写道：

实事求是的人要找一件小事做，
找到事情就去做。
空腹高心的人要找一件大事做，
没有找到则身已故。
实事求是的人做了一件又一件，
不久就做一百件。
空腹高心的人一下要做百万件，
结果一件也未实现。

那些成功人士之所以能成功，就因为他们凡事坚持到底，始终如一。只要你兢兢业业，勤奋向前，坚持不懈，就没有征服不了的困难。那么，成功的道路上，一定会有你的身影。

司马迁，从幼年时开始漫游，走遍黄河、长江流域，为著《史记》汇集了大量的社会素材、历史素材，奠定了我国历史巨著《史记》的基础；德国的伟大诗人、小说家和戏剧家歌德，前后花了

60 年的时间，搜集了大量材料，写出了对世界文学界和思想界产生巨大影响的诗剧——《浮士德》。

反观现在的社会，到处都有一种流行病，就是浮躁。许多人总想"一夜成名""一夜暴富"。他们有如吕坤讲的那种"攘臂极力"的人，不去做扎扎实实的长期努力，而是想靠侥幸一举成功。比如投资赚钱，不是先从小生意做起，慢慢积累资金和经验，再把生意做大，而是如赌徒一般，借钱做大投资、大生意，结果往往惨败。网络经济一度充满了泡沫。有人并没有认真研究市场，也没有认真考虑它的巨大风险性，只觉得这是一个发财成名的"大馅饼"，一口吞下去，最后没撑多久，草草倒闭，白白"烧"掉了许多钞票。

人们渴求事业成功，却不愿持之以恒地努力；盼望长命百岁，却不理解生命的意义。其实，人的生命是由许许多多的"现在"累积而成的，人只有珍惜现在，不懈奋斗，才能使生命光彩，事业有成。成功最忌"一日曝之，十日寒之"，"三天打鱼，两天晒网"。遇事浅尝辄止，必然碌碌终生而一事无成。

学业、事业上更是如此。不少青年人为自己怎么也学不出名堂找的借口是自己没天赋，或者认为学习不是自己的事，而是迫于老师的压力、家长的期望。这就大错特错了。虽然每个人天分不同，但更重要的是后天因素，是努力，是坚持。坚持是一个你想到就能做到的动力源泉，它是无穷的，只要你想到，就会做到。美国钢铁大王安德鲁·卡耐基对柯里商学院的毕业生做演讲时就告诫他们要时时提醒自己："我的位置在最高处。"当然，不是每个人都能做得一样好，但有很多挂在枝头的果子，你只有蹦了，才能够到。我们还年轻，现在不努力做到最好，还等什么时候呢？

做任何事情，只要有恒心，坚持不懈地奋斗就能成就大事。当"智慧"已经失败，"天才"无能为力，"机智"与"技巧"说不可能，其他各种能力都已束手无策、宣告绝望之时，"忍耐力"便惠然来临，帮助人们取得胜利、获得成功。

因为无坚不摧的忍耐力而做成的事业是神奇的。当一切力量都已逃避、一切才能宣告失败时，忍耐力却依然坚守阵地，依靠忍耐力，终能克服许多困难，甚至最后做成许多原本已经失望的事情。

人人都停下来不再去做的事，只有富有忍耐力的人才会坚持去做；人人都因感到绝望而放弃的信仰，只有富有忍耐力的人才会坚持着，继续为自己的意见辩护。所以，具有这种卓越个性的人，最终能获得成功。

帖木儿皇帝的经历证明了这一点。

帖木儿被敌人紧紧追赶，不得不躲进一间坍塌的破屋。就在他陷入困惑与沉思时，看见一只蚂蚁吃力地背负着一粒玉米向前爬行。蚂蚁重复了 69 次，每一次都是在一个突出的地方连着玉米一起摔下来，它总是翻不过这个坎。到了第 70 次，它终于成功了！这只蚂蚁的所作所为极大地鼓舞了这位处于彷徨中的英雄，使他开始对未来的胜利充满希望。

有时拥有金子的生活可能离我们只有一码之隔，只要你有足够的耐心坚持走到最后一码。

在一个展览会上，德拉蒙德教授看了一座很有名的金矿的玻璃模型。这个金矿原来的主人在他认为可能富含金矿的地层里挖掘了一条 1 英里长的隧道，花费了 100 万美元，历时一年半，但他还是没有找到黄金。他决定放弃，于是把这个金矿卖给另一家公司后，便坐火车回家了。而那家公司只是在距原来停止开采的地方挖远了一码，就发现了金矿砂。

众所周知，到 20 世纪初为止，世界上的任何发明都比不上蒸汽机给人类命运带来那么强大而深远的影响，而被称为"蒸汽机之父"的人是瓦特。但事实上，早在公元 1 世纪，希腊发明家希罗就制造了一种蒸汽锅，那是用蒸汽来推动的。这个设备粗糙而原始，但是已经蕴含了蒸汽机的基本原理。如果这个古代的实验者能够沿着这个发明的思路，再坚持一下，再改进一点，也许人类机械发明的历史将会提前 2000 年。

1688 年，丹尼斯·帕皮恩就发明了圆柱体内的密封活塞；后来，托马斯·纽可门发明了压力发动机，这两个方面离蒸汽机这一伟大的创造都只有一步之遥。但是，只是等到瓦特集中其全部的精力、智慧和耐心，沿着纽可门那粗糙的发明做进一步探索时，19 世纪的改良蒸汽机才被制造出来。

早在 1774 年，电报机的原理就被发现了。而摩尔斯教授是第一位为了人类的福利应用这一原理的人。他于 1832 年开始实验，在获得发明专利权后又经过 5 年，他又面临着另一个巨大的阻碍。直到 1843 年，美国国会会议的最后一天才同意资助他 3 万美元的研究经费。摩尔斯用这笔钱建造了世界上第一条电报线，介于华盛顿和巴尔的摩之间。也许世界上很少有发明像电报这样，对人类的福利产生了如此重大的有益影响。

美国最早的汽船发明人约翰·菲奇曾经穷困潦倒，衣衫褴褛，受尽嘲讽。他受到大人物的排斥，受到富人的阻挠，甚至在善良人的眼里，他也被当作疯子来同情。但是，菲奇和他的朋友耐得住寂寞与冷落，一直坚持下去，1790 年，他们在特拉华州有了一条汽船，它顺流时时速为 8 英里，逆流时时速为 6 英里。菲奇的这一发明要早于富尔顿汽船 20 年左右。斯蒂芬森并非是铁路的首创者，也不是第一个想到要用蒸汽机推动机车的人。这些特征在早期的"特里维斯克"机器上就已经出现了。假如特里维斯克能够花些心思改进他机车的缺陷，就像他事业的继承者所拥有的这一优秀个性一样，那么可能就是他被称为"现代机车之父"了。

无数成功者的事例告诉我们，耐心对成功是如此重要。如果你天生没有坚定执着的耐力，那么你一定要后天培养它。有了这种个性，你才能成功，才能战胜困难，才能克服消极、怀疑和彷徨的情绪，才能具有自信。没有这种个性，即使是有最为卓越的天才个性也不能保证你成功，而且很可能你的结果是一败涂地。

最终的胜利取决于坚忍的品质

西点教官约翰·哈利说过："'没有办法'或'不可能'使事情画上句号，'总有办法'则使事情有突破的可能。"滴水可以穿石，锯绳可以断木。成大事者身上最可贵的个性之一就是坚定执着。面对人生路上的艰难险阻，每个人都有感到疲倦的时候，但成功者就是因为多了一份坚定执着，才让他们多了一分恒心和忍耐从而渡过难关。

因为有坚忍不拔的品质，才有了埃及平原上宏伟的金字塔，因为有了坚忍不拔的品质，人们才登上了气候恶劣、云雾缭绕的阿尔卑斯山，在宽阔无边的大西洋上开辟了通道；正是因为有了坚忍不拔的品质，人类才夷平了新大陆的各种障碍，建立起人类居住的共同体。

如果三心二意，哪怕是天才，势必一事无成。勤快的人能笑到最后，而耐跑的马才会脱颖而出。只有仰仗坚忍的品质，点滴积累，才能拨云见日，获得成功。

可惜，现实生活中，有很多人像孟子说的："一日曝之，十日寒之，没有能生成的了。""挖井数丈，还不见水冒出来，等于是口废井。"他们因为对事业有一种朝秦暮楚的思想观念，或者是时做时辍的怠惰状态，也就是少了这份恒心和忍耐而被拒之于成功门外，这是成功路上一个不可救药的死症。

《孟子》中有一个寓言说：宋国有个人，认为他家的禾苗生长得太慢了，于是他就在地里一棵一棵地拔高禾苗，还自认为这样是帮助它们生长。然后一副得意的样子回到家中，对他的儿子说："今天我累坏了，我帮助禾苗长高了。"他的儿子跑到地里一看，禾苗都枯死了。

因此，我们要想拥有一种对事业坚持不懈的追求精神，首先要培养一种不求速达的心理状态，稳扎稳打，循序渐进。古语说："欲速则不达。"再说："他的进度快，退缩得也快。"时间想它快而功力不想它快，功力想它快而效果不想它快。想求速达，就难以满足妄想的急切心情；就难以把事业办扎实。达不到心理上的要求，就容易灰心丧气。灰心丧气就会渺茫，就容易辍业或者改业，也就难得有恒心了。没有恒心事业难成，想速达也不会达。早熟便是小材，大器必然晚成，所谓厚积薄发，积累的厚，成就便大，日积月累，坚持不懈，就会年年精进。

另一方面，要养成一种坚忍不拔的品质，还应培养自己对一种事业的嗜好，凡事只要自己热爱它，哪怕自己是一叶孤舟，面对一片汪洋，看不到岸仍求索不辍。因为兴趣的吸引，所以他们会坚持自己一件一件地去做，并从最困难的事做起。

为了探索物质世界的秘密，丁肇中常常废寝忘食地搞实验，为了做好一个实验，他一进入物理实验室，就两天两夜甚至三天三夜待在物理实验室里，守在仪器旁，经过长期潜心研究，终于发现了丁粒子，从而获得诺贝尔奖。

巴甫洛夫也经常是在实验室里一待就是十几个小时，忘了吃饭，数年如一日地工作，当他跃上科学生涯的第一阶梯——取得"消化"研究的成果时，又忙着开始转向"反射"实验了。同他一起工作多年的得力助手，也受不了这种无休止的紧张工作，离开了他，巴甫洛夫不得不另找新的助手，并对新的助手说："你们要学会做科研。"在实验室里巴甫洛夫和他的助手长时间废寝忘食地工作着。巴甫洛夫的身体染上了多种疾病，但从不间断实验工作，直到临死时，巴甫洛夫还用自己身患的蔓延性肺炎，进行心理和生理的实验。

历史上，每一个"天才"的光芒背后都蕴藏着无数的艰难，在这无数个日日夜夜的坚持中他们才在人潮中脱颖而出。

我们阅读霍桑的作品《红字》时是多么欣喜快乐啊，《红字》

也许是美国历史上最伟大的浪漫故事了。如此完美的遣词造句，如此流畅自如的表达，如此精妙细致的修辞，以至人们暗自揣测这鬼斧神工之笔是如何造就的。生性腼腆木讷、不善言辞的作家在自己的笔记本里曾经吐露出了天才的秘密。那就是一遍又一遍不懈地修改，修改，再修改！作家的笔记本上到处是修改的痕迹，在他的笔记里，几乎没有什么事是琐碎微小而不值得记录的。他看到的、听到的、触摸到的和感觉到的，都记录在自己的笔记中，正是这些笔记使他后来写出了完美的作品。

霍桑那出色的思想和非凡的表述来源于难以数计的资料。当他在写不朽的《红字》时，他认为这部作品不会被承认，就像他的其他众多作品一样默默无闻，他甚至烧掉了自己的一部分作品。而且，在个人生活上，霍桑也有过一段非常艰难的时光，在被塞伦的海关除名后，他在很长的一段日子里只能以栗子和马铃薯果腹，因为他根本买不起肉。在他出名和获得人们的认可之前，他已经在文学这个神圣的殿堂里默默无闻地工作了20年。

赫伯特·斯宾塞在76岁的时候完成了他的巨著的第10卷，世界上很少有什么成就能超过这件耗尽一生的宏伟作品。斯宾塞在写作过程中经历了无数挫折，尤其是在健康状况很差的情况下，他仍然朝着既定的目标努力工作，直到成功。

卡莱尔写作《法国革命史》时的不幸遭遇，已经广为人知。他把手稿的第一卷借给了邻居，让他先睹为快。这位邻居看了以后随手一放，结果被女仆拿去引火用了。这是个很大的打击，但卡莱尔却并未泄气，他又花费了几个月的心血，将这份已经被付之一炬的手稿重写了一遍。

博物学家奥杜邦带着他的枪支和笔记本，用了两年时间在美洲丛林里搜寻各种鸟类，画下它们的形状。这一切完成后，他把资料都封存在一个看来很安全的箱子里，就去度假。度假结束，他回到家中后，打开箱子一看，发现里面居然成了鼠窝，他辛辛苦苦画的图画被破坏殆尽。真是一个沉重的打击，然而奥杜邦二话不说，拿起枪支、笔记，第二次进了丛林，重新一张一张地画，甚至比第一次画得还好。

他们的作品并不是借着天才的灵感一蹴而就的，而是经过精心细致的雕琢，直到最后把一切不完美的痕迹都除掉，才能够表现得那么高贵典雅。一切伟大作家之所以能够成名，都有赖于他们坚忍不拔的性格。

坚忍不拔是所有成就伟业者的共同个性特征。他们可能在其他方面有所欠缺，可能有许多缺点和古怪之处，但是对一个成功者来说，持之以恒的个性则是必备的。不管遇到多少反对，不管遭到多少挫折，成功者总是坚持下去。辛苦的工作不能使他作呕，阻碍不能使他气馁，劳动不能使他感到厌倦。无论身边来去的是什么东西，他总是坚持不懈。这是他天性的一部分，就像他无法停止呼吸一样，他也永不会放弃。

金钱、职位和权势，都无法与卓越的精神力量和坚忍的品质相比较。

每一点进步都来之不易，任何伟大的成就也不是唾手可得的。许多成功人士的一生，就是坚定执着、顽强拼搏的一生。

卡莱尔说："在所有的战斗中，如果你坚持下去，每一个战士都能靠着他的坚持而获得成功。从总体上来说，坚持和力量完全是一回事。"对于想成就一番大事的人来说，执着是最好的助推器。谁能不停止一次又一次的尝试、打击和收获，谁就能一次又一次地靠向成功。不管你的工作是什么，都要以一种顽强的决心坚持下去。咬紧牙关，对自己说："我能行。"让"坚持目标、矢志不渝"成为你的座右铭。当你内心听到这句话时，就会像战马听到军号一样有效。"坚持下去，直到最后。"

独立才能做生活的主人

西点军校对于学员的培养，不仅要求他们成为团队战斗中不可缺少的一员，同样也非常重视培养学员的独立精神。西点人明白：一个人只有具备了独立的人格、自由的意志，才能激发自身的潜能，才能做生活的主人。

台湾作家三毛说过："在我的生活中，我就是主角。"是的，每一个人都要相信——只有自己才是掌握自己命运的主人，是自己灵魂的舵手。生命的真谛就在于自立自强，一个永远受制于人，被他人和外物"奴役"的人，绝对享受不到创造之果的甘甜。人的发现和创造，需要一种坦然、平静、自由自在的心理状态。独立自主是创新的催化剂。人生的悲哀，莫过于别人代替自己选择，如果这样，自己便成了别人操纵的机器，失去了自我。正所谓"人生一世，草木一秋"。活就要活出个精彩，留也要留下个痕迹。我们要做生活的主角，不要将自己看作是生活的配角。我们要做生活的编导，而不要让自己成为一个生活的观众。我们要做自己命运的主宰者。

心理学家布伯曾说过："但凡失败之人，皆不知自己为何；凡成功之人，皆能非常清晰地认识他自己。"

电影大师查理·卓别林的成功就在于清楚地认识到了坚持自我、独立自主的真谛。卓别林在刚出道时曾放弃过自我，在他开始拍片时，导演要他模仿当时的著名影星，结果卓别林一直未闯出个名堂，直到他开始塑造出自己的风格，做回自己，才声名鹊起，终成一代大师。

鲍勃·霍伯也有类似的经验，他以前有许多年都在模仿他人唱歌跳舞，直到他发挥了自己机智幽默的才能才真正走红。

当玛丽·马克布莱德第一次上电台时，她试着模仿一位爱尔兰明星，但没有成功。直到她还自己以本来面目——一位由密苏里州来的乡村姑娘——才成为纽约市最红的广播明星。

美国乡村音乐歌手吉瑞·奥特利未成名前一直想改掉自己的德克萨斯州口音，并把自己打扮得也像个城市人，他还对外宣称自己是纽约人，结果只招致别人在背后的讪笑。后来他开始重拾三弦琴，演唱乡村歌曲，才逐渐巩固了他在影片及广播中最受欢迎的牛仔地位。

我们翻开历史的画卷就能发现成功者总是独立性极强的人，他们总是自己担负起生命的责任，而绝不会让别人来驾驭自己。他们懂得必须坚持原则，同时也要有灵活运转的策略。他们善于把握时机，能够审时度势，有时收敛锋芒，静观事态变化；有时针锋相对，有时互助友爱；有时融入群体，有时潜心独处；有时紧张工作，有时放松休闲；有时坚决抗衡，有时果断退兵；有时陈述己见，有时沉默以对。成功者能够做到应时而动，无不是依靠独立的精神和自由的意志，结合环境的变化做出自己的判断。

从哲学上分析这个世界是一个矛盾统一体。同样在人的一生当中，许多东西是既对立又统一的，只有我们做到辩证待之，才能取得人生的主动权。一个善于驾驭自我命运的人，是最幸福的人。我们行进在生活的轨道上，必须善于独立自主地做出抉择，不要总是让别人推着走，不要总是听凭他人摆布，而要勇于驾驭自己的命运，调控自己的情感，做自我的主宰者，做命运的主人。

要驾驭命运，我们要学会克服外在因素的制约，自主地择定自己的事业、爱情和崇高的精神追求。一个人的一切成功、一切造就，完全决定于你自己。你应该掌握前进的方向，把握住目标，让目标似灯塔在高远处闪光；你得独立思考，独抒己见。你得有自己的主见，懂得自己解决自己的问题。你不应相信有什么救世主，不该信奉什么神仙和皇帝，你的品格、你的作为，就是你自己的产物。的确，人若失去自己，则是天下最大的不幸；而失去独立自主，则是人生最大的陷阱。

"做你自己！"是美国作曲家欧文·柏林给后期的作曲家乔治·格希文的忠告。柏林与格希文第一次会面时，前者已声誉卓越，而格希文却只是个默默无名的年轻作曲家。柏林很欣赏格希文的才华，并且以格希文所能赚的3倍薪水请他做音乐秘书。可是同时柏林也劝告格希文："不要接受这份工作，如果你接受了，最多只能成为欧文·柏林第二。要是你能坚持下去，有一天，你会成为第一流的格希文。"格希文接受了忠告，终于成为当代极富声名的美国作曲家。

每个人都应该明白一个道理：相信自己，创造自己，永远比证明自己重要得多。在骚动、多变的世界面前，我们要打出"自己的牌"，勇敢地亮出自己。你该像星星、闪电、出巢的飞鹰，果断地、毫不顾忌地向世人宣告并展示你的能力、你的风采、你的气度、你的才智。独立自主的人，能傲立于世，能力拔群雄，能开拓自己的天地，得到他人的认同。勇于驾驭自己的命运，学会控制自己，掌控自己的情感，善于分配好自己的精力，自主地对待求学、就业和择友，这是成功的要义。要克服依赖性，不要总是任人摆布自己的命运，让别人推着前行。

人生来就受到主、客观方方面面的牵制。做一个人，将自己的愿望约束在条件许可的范围内，就少了许多痛苦。你也许不能改变别人，但你能掌握自己，支配好自己，这本身就不失为智者的表现，不失为一种充实的表现。

"世界上没有两片完全相同的树叶"，世界上也没有两个人完全相同。我们每一个人在这世上都是独一无二的。以前既没有像我们一样的人，以后也不会有。遗传学告诉我们，人是由父亲和母亲各自的23条染色体组合而成，这46条染色体决定了这个人的遗传基因，每一条染色体中有数百个基因，任何单一基因都足以改变一个人的一生。事实上，人类生命的形成真是一种令人敬畏的事情。即使父母相遇相爱孕育了我们，也只有三百万亿分之一的机会有一个跟自己完全一模一样的人。也就是说，即使你有三百万亿个兄弟姐妹，他们也可能只有一个跟我们相同。这是猜测吗？当然不是，这完全是科学的事实。

　　我们每一个人都是独一无二的。如果我们要独立自主，想发挥自己的特点，只有靠自己。但这并不表示我们一定要标新立异，并不是说我们要奇装异服或是举止怪诞。事实上，只要我们在遵守社会规范的前提下保持自我本色，不人云亦云，不亦步亦趋，就会成为真正的自己。

　　詹姆士·戈登·基尔凯医生指出："保持人格的独立是全人类的问题。很多精神、神经及心理方面的问题，其隐藏的病因往往是他们不能保持自我。"安吉罗·派屈曾说过："一个人最糟的是不能成为自己并且在身体与心灵中保持自我。"

　　一个人放弃自我本色意味着什么？意味着去模仿别人，跟在别人的屁股后面转，这样就把别人的特色误以为是自己应该追逐的东西，而渐渐失去自己。放弃自我，模仿他人是成大事者的忌讳。

　　好莱坞著名导演山姆·伍德曾说过：最令他头痛的事是如何帮助年轻演员保持自我。他们每个人都想成为二流的拉娜·特勒斯或三流的克拉克·盖博，"观众已经尝过那种味道了，"山姆·伍德不停地告诫他们，"观众现在需要点新鲜的。"

　　山姆·伍德在导演《别了，希普斯先生》和《战地钟声》等名片前，好多年都在从事房地产，因此他培养了自己的一种销售员的独立个性。他认为，商界中的一些规则在电影界也完全适用。完全模仿别人绝对会一事无成。"经验告诉我，"山姆·伍德说，"尽量不用那些模仿他人的演员，这是最保险的。"

爱默生在他的短文《自我信赖》中说过：一个人总有一天会明白，嫉妒是无用的，而模仿他人无异于自杀。因为不论好坏，人只有自己才能帮助自己，只有耕种自己的田地，才能收获自家的玉米，上天赋予你的能力是独一无二的，只有当你自己努力尝试和运用时，才知道这份能力到底是什么。

诗人道格拉斯·马洛奇有一首诗写道：

> 如果你不能成为山巅上一棵挺拔的松树，
> 就做一棵山谷中的灌木吧，
> 但要做一棵溪边最好的灌木！
> 如果你不能成为一棵参天大树，
> 那就做一片灌木丛林吧！
> 如果你不能成为一丛灌木，
> 不妨就做一棵小草，给道路带来一点生气！
> 你如果做不了麋鹿，
> 就做一条小鱼也不错，
> 但要是湖中最活泼的一条！
> 我们不能都做船长，总得有人当船员，
> 不过每人都得各司其职。
> 不管是大事还是小事，
> 我们总得完成分内的工作。
> 做不了大路，何不做条羊肠小道，
> 不能成为太阳，当颗星星又何妨！
> 成败不在于大小，
> 只在于你是否已竭尽所能。

一个拥有独立人格的人才会有坚强的自信，这一点对于处在人生起步阶段的青年人来说尤其重要。西方文化对于青年的独立性的教育很值得我们学习。在西方文化中教育青年人要尊重个人价值，个人的尊严是自立、自强观念的核心。

美国的大学生中，自力更生、勤工俭学的占较大比例，"花花公子"式的占少数。学生在学校里打工，维护环境卫生等，收取一定报酬。他们并不以各种杂工为耻，都能尽职做好。因而该国的大学生当临时工的不少，他们养成了劳动习惯，增长了社会知识，还学会了某些技能，也解决了部分学习费用。

美国一位有名的富豪，为自己大学毕业的孩子举办了毕业酒会。他举着一杯价值100美元的酒，对众人说："我今天真高兴，因为从现在起，他应该特立独行，自己走他的路了。"这个富豪之子，只身到了纽约，租了一间小公寓，从此自己闯荡江湖。23岁的他，再不要父母的呵护，不要父母的供应，而义无反顾地走自己的路，向着成功的阶梯攀登。

美国人的独立意识是为人处世最根本的观念之一，他们信奉个人主义，其含义是相信每个人都具有价值，都应按其本人的意愿和表现来对待和衡量。这种个人主义同自私自利不同，在社会实践中，它表现为对个人独立性、创造性、负责精神和个人尊严的尊重。在家庭中，孩子应受到作为一个个人所应受到的尊重，成年后，他对自己的生活和前途有选择的权利和自由，从而对自己的遭遇，不论好坏都由自己负责。父母只能起"咨询作用"，不能为儿女代为安排个人的事宜。成年儿女一般都自立门户，独立生活。美国的一些大学生，尽管父母有钱也不愿仰仗他们。毕业后找不到合适的职业，用不上专业特长，宁可降格以求，大材小用，目的是要有自己的工作，自己挣钱独立生活。

在日本，有一本名为《20岁的年轻人必须尝试的50件事》的畅销书。本书中阐述的一个观点是要求青年"在生活目标上做一个'不孝者'——你的一生不属于你的父母"，宣扬的就是这种自立于世的意识。

"向父母要钱是件不光彩的事。"在日本，不少大学生树立了这样的观念。日本是个重教育的"学历社会"。进入大学学习，学费、书费、生活费也不少。大学生们普遍在业余兼工，勤工俭学，来贴补学习费用。他们认为，除必要的费用依靠家里提供外，应尽量自己解决读书的各种开销。他们认为向大人频频伸手要钱很不光彩。男同学向家里要钱，更怕被女同学看不起。即使是家境极好的学生，也耻于得到父母的资助。

　　美国钢铁大王安德鲁·卡内基说过："把巨额金钱留给孩子们的父母最终将使孩子的创造力和生命力枯萎。"

　　1992 年，有 3 位经济学家对拥有 15 万元以上遗产的继承人纳税记录做了调查，发现这些人中已停止工作的竟占 20%。他们的结论是："很多有钱人不知不觉地就把他们自己的孩子搞垮了。"

　　"生活属于你，任君自选择。"一个人要有自己的主见，应明白自己真正爱什么，恨什么，喜欢什么，厌恶什么，不要轻易为流行的时尚所左右，不要随便落入别人设计的框架中。你应该有自己独特的个性，拥有自己特有的生存方式，而不要被别人牵着鼻子走，以别人的眼光来规范自己的举止，改变自己的习性。成才的道路在你脚下，一个有志于成才的青年，就要做一个堂堂正正的自主、自立、自强、自信的人。

　　在中国，青年人依赖父辈的传统很顽固，自主意识淡薄。但是，历史上也不乏鼓励子女自强自立的有识之士。清代画家郑板桥老年得子，却并不溺爱，而是力促他自立，要求他："淌自己的汗，吃自己的饭，自己的事自己干。靠天靠人靠祖宗，不算是好汉。"在中国的传统意识中，人们崇尚出身门第，钦羡继承权，而自我创业的意识淡薄。在当今的社会里，应提供给后代以"工具箱"，而不是万贯家产。对于青年人，确立不依赖父母长辈，一切靠自己独立创业的自立意识，则是明智的。

　　只会蜷伏在母亲翅膀下的雏鹰，充其量不过是只柔弱的"鸡"，而绝不会成为搏击万里云天、俯视苍茫大地的雄鹰。

青年人要勇于自强自立，不要仰仗父母的保护伞。要坚信自己的能力，自己探出一条成才之路来。过多的依附、仰赖，只能造就平庸孱弱、无所作为的凡夫俗子；过分的温存、溺爱，只能消磨意志，磨平锐气，养育娇嫩的花朵。

西点军校培养学员独立的人格，培养学员在竞争中做自我。在这个充满竞争的时代，只有勇于闯荡、自立自强，方可大有作为。成功始于觉醒，这个觉醒就是确立独立的意识，"慷慨丈夫志，可以耀光芒"（唐·孟郊诗句），这个志，就是独立和自强。只有做到人格上的独立，才能拥有坚定的信念，才能激发出挑战困难的勇气。独立让我们做自己人生的主人，开拓出属于自己的人生之路。

要学会独立思考

艾森豪威尔说过："成功的卓越的领导者必须有自己独特的思考方式，在遇到阻力的时候，必须有自信。"

有一天晚上，最早完成原子核裂变实验的英国著名物理学家卢瑟福走进实验室，当时已经很晚了，见他的一个学生仍俯在工作台上，便问道："这么晚了，你还在干什么呢？"学生回答说："我在工作。""那你白天在干什么呢？""也在工作。""那么你早上也在工作吗？""是的，教授，早上我也工作。"于是，卢瑟福提出了一个问题："那么这样一来，你用什么时间思考呢？"这个问题提得真好！

独立自主不仅意味着行动上的自立，而且意味着思想上的自立，即凡事能独立思考。成大事者大多善于思考而且是独立思考。要成大事的青年人，只有养成了独立思考的个性，才能在风风雨雨的事业之路上独创天下。

拉开历史的帷幕就会发现，古今中外凡是有重大成就的人，在其迈向成功的道路上，都是善于思考而且是独立思考的。

爱因斯坦经过了"10年的沉思"才创立了狭义相对论。他说："学习知识要善于思考、思考、再思考，我就是靠这个学习方法成为科学家的。"达尔文说："我耐心地回想或思考任何悬而未决的问题，甚至连费数年亦在所不惜。"牛顿说："思索，继续不断地思索，以待天曙，渐渐地见得光明，如果说我对世界有些微小贡献的话，那不是由于别的，却只是由于我的辛勤耐久的思索所致。"他甚至这样评价思考："我的成功就当归功于精心地思索。"著名昆虫学家柳比歇夫说："没有时间思索的科学家（不是短时间，而是一年、两年、三年），那是一个毫无指望的科学家。他如果不能改变自己的日常生活制度，挤出足够的时间去思考，那他最好放弃科学研究。"

但凡成大功者，他们的经历都体现出一个道理：独立思考是一个人成功的最重要、最基本的心理品质。所以，养成独立思考的品质是要成大事者必备的条件。

要提高你的创造能力，一定要培养自己的独立思考、刻苦钻研的良好品质，千万不要人云亦云，读死书，死读书。一位学者指出："人们只有在好奇心的引导下，才会去探索被表面所遮盖的事物的本来面貌。"好奇，可以说是创造的基础与动力。牛顿、爱迪生、爱因斯坦都具有少见的好奇心；而居里夫人的女儿则把好奇称为"学者的第一美德"。成功人士总是善于在人们熟视无睹的大量重复现象中发现共同规律，特别注意反常现象而有所创造。而漫不经心的人，往往就不怎么注意那些新奇而有用的东西。综观一切创造性人才，他们几乎都有一个共同的品质，就是敢想、敢干、敢于质疑，遇事都要问一个为什么。巴尔扎克认为："一切科学之门的钥匙都毫无异议地是问号，我们所有的伟大发现都应该归功于疑问，而生活的智慧大都源自逢事都问个为什么。"

明代思想家吕坤特别反对做事没主心骨、没主见，只是"依违观望，看人言为行止"地做人的毛病。他说，如果做事先怕人议论，没有独立思考的能力，做到中间一有人提出反对意见，就不敢再做下去了，这不仅说明这个人没有"定力"，也说明其没有"定见"。没有定见和定力，就不是一个独立自主的人。吕坤说，做人做事，首先要能独立思考，辨明是非，选择正确的立场观点。吕坤进一步说，每个人的想法都不会完全一致，我们不能要求人人的看法都与自己相同。因此我们做事要看我们想达到的目标效果，而不要过于顾虑事前一些人的议论；等你事情做好了，那些议论自然也止息了。即使事情没做成，但只要是正确的，也就是我应当做的，不论成败。

一个独立自主的人，凡事都有主见，他不会去做效颦的东施徒增笑谈，只要是力所能及，他都会独立思考、解决，因为他知道，轻信别人的观点往往使人失去独立性，而没有自己独立的人格，只依赖别人永远不会成功。依赖使一个人失去精神生活的独立自主性。依赖的人不能独立思考，缺乏创业的勇气，其肯定性较差，会陷入犹疑不决的困境，他一直需要别人的鼓励和支持，借助别人的扶助和判断。

在创业的过程中，总会听到许多反对意见。这些意见或来自朋友与亲近的人，他们从自己的角度考虑，或纯粹是为我们担心，可能不赞成我们的做法；也可能来自那些对我们心怀恶意的人，他们诬蔑、攻击、诽谤，把我们所要做的事说得漆黑一团。面对这种情况，如果我们不能明辨是非，缺乏独立思考的精神，我们就可能半途而废，甚至事情还没做就夭折了。因此，我们要想有所成就，就必须如一句西方格言所说："走自己的路，让别人说去吧！"

当然，这并不是说我们可以不去认真听取别人的有益的意见。如果别人的意见有可取之处，哪怕是来自"敌人"的意见，我们也应该吸取。但这和丧失自己的主见、屈从于他人不正确的议论是两回事。

所谓独立思考就是要不依赖经典，不依赖人言，不依赖过去的经验和成见，使自己成为自觉者，一位能自我实现的人。毛泽东曾告诫共产党员遇事都要问一个为什么，都要经过自己头脑的思考，绝对不可盲从，绝对不可有"奴隶主义"。其实也就是说，"不唯上、不唯书"地独立思考。

索菲娅·罗兰是意大利著名影星，自 1950 年进入影视界以来，已拍过 60 多部影片，她的演技炉火纯青，曾获得 1961 年度奥斯卡最佳女演员奖。她 16 岁时来到罗马，要圆她的演员梦。但她从一开始就听到了许多不利的意见。用她自己的话说，就是她个子太高、臀部太宽、鼻子太长、嘴巴太大、下巴太小，根本不像一般的电影演员，更不像一个意大利式的演员。制片商卡洛看中了她，带她去试了许多次镜头，但摄影师们都抱怨无法把她拍得美艳动人，因为她的鼻子太长、臀部太"发达"。卡洛于是对索菲娅说，如果你真想干这一行，就得把鼻子和臀部"动一动"。索菲娅可不是个没主见的人，她断然拒绝了卡洛的要求。她说："我为什么非要长得和别人一样呢？我知道，鼻子是脸庞的中心，它赋予脸庞以性格，我就喜欢我的鼻子和脸保持它的原状。至于我的臀部，那是我的一部分，我只想保持我现在的样子。"她决心不是靠外貌而是靠自己内在的气质和精湛的演技来取胜。她没有因为别人的议论而停下自己奋斗的脚步。她成功了，那些有关她鼻子长、嘴巴大、臀部宽等的议论都"自息"了，这些特征反而成了美女的标准。索菲娅在 20 世纪行将结束时，被评为这个世纪的"最美丽的女性"之一。

索菲娅·罗兰在她的自传《爱情与生活》中这样写道："自我开始进入影视界起，我就出于自然的本能，知道什么样的化妆、发型、衣服和保健最适合我。我谁也不模仿。我从不去奴隶似的跟着时尚走。我只要求看上去就像我自己，非我莫属……衣服的原理亦然，我不认为你选这个式样，只是因为伊夫·圣罗郎或第奥尔告诉你，该选这个式样。如果它合身，那很好。但如果还有疑问，那还是尊重你自己的鉴别力，拒绝它为好……衣服方面的高级趣味反映了一个人健全的自我洞察力，以及从新式样中选出最符合个人特点的式样的能力。……你唯一能依靠的东西……就是你和你周围环境之间的关系，你对自己的估计，以及你愿意成为哪一类人的估计。"

索菲娅·罗兰谈的是化妆和穿衣一类的事，但她却深刻地触到了做人的一个原则，就是凡事要有自己的主见，"不像奴隶似的"盲从别人。你要尊重自己的鉴别力，培养自己独立思考的能力，而不要像墙头草一样，哪边风大就往哪边倒。

小泽征尔是世界著名交响音乐指挥家。在一次欧洲指挥大赛的决赛中，小泽征尔按照评委给他的乐谱指挥乐队演奏。指挥中，他发现有不和谐的地方。他以为是乐队演奏错了，就停下来重新指挥演奏。但还是不行，"是不是乐谱错了？"小泽征尔问评委们。在场的评委们口气坚定地都说乐谱没问题，"不和谐"是他的错觉。小泽征尔思考了一会儿，突然大吼一声："不，一定是乐谱错了！"话音刚落，评委们立刻报以热烈的掌声。原来，这是评委们精心设计的"圈套"。前两位参赛者虽然也发现了问题，但在遭到权威的否定后就不再坚持自己的判断，终遭淘汰。而小泽征尔不盲从权威，认真了，就不怕别人，哪怕是权威"非之"，也要坚持自己的意见。他最终摘取了这次大赛的桂冠。

一个人有主见、有头脑、不随人俯仰、不与世沉浮、能够独立思考无疑是值得称道的好品质。但同时坚持独立思考还要注意不要固执己见。独立思考并不排斥兼容并包，海纳百川。真正独立思考的自立者，是能够充分利用各种信息并果断做出判断和选择的人，而看上去颇有主见，实际上刚愎自用之人，充其量只是莽汉，而非具有独立精神的自立自强者。

正直使你受欢迎

美国第十八任总统格兰特说过："非常情况下能否坚持原则，常常是判断一个人水准的重要依据。"正直与诚实是无价的，是人际关系及商业行为中的至上原则。没有了正直与诚实，人们再也不会相信你，没有了正直与诚实，社会也会抛弃你。今天，我们的社会需要的是这样的医生：如果他们并不知道病人的病情，或者对应当给病人用多少剂量的药品没有把握时，他们不会不懂装懂；我们的社会需要的是这样的政治家，他们不会仅仅沉醉于组织各种各样的委员会，或者为了一些小问题而无休止地扯皮；我们的社会需要的是这样的律师，他们并不为了得到代理费而拼命说服他们的客户提出根本没有胜诉可能的诉讼；我们的社会需要的是这样的商人：他们诚实正直、童叟无欺，一尺就是一尺，一斤就是一斤，牛肉就是牛肉，猪肉就是猪肉，而酒也不必掺水；我们的社会需要的是这样的记者，他们并不会因为追求单纯的经济利益而在主编要求下去写些无聊的花边新闻；我们的社会需要的是这样的男人：他们不会说"因为别人都这么做所以我也要这么做"，——总之，年轻人不能冒天下之大不韪而去做些有违诚实要求的事，我们需要的是以欺骗为耻的年轻人。

斯图尔特先生认为，他的顾客应该被告知事实的真相，而不管这样做的后果是什么。任何职员都不得在任何方面误导顾客，或者是隐瞒商品可能存在的任何缺陷。他曾经问一个职员某种新款商品的销售情形，那个职员告诉他说该商品设计得并不是太好，其中的某些品位相当差。

正当这个年轻人一边手里拿着样品，一边对斯图尔特先生指出这种商品的缺陷时，一个从美国内陆来的大客户走上前来问道："你今天有没有质量上乘的新东西给我看呢？"这位年轻的推销员马上说："是的，先生，我们刚刚搞出了一种恰好适合您需要的产品。"他一边说，一边把刚才批评过的样品递到了顾客的手上。他对这种产品的赞赏听起来是非常诚心诚意，所以，这位顾客马上就决定要订一大批货。这时，一直站在旁边默默地听他们交谈的斯图尔特先生开始插话，他告诫这位顾客不要急于订货，再好好检查一下货物的质量和样式。然后，他告诉这个年轻人去找财务部门清算一下他的工资，因为他应该把自己的工资结清——从现在开始，他已经不再是公司的员工了。

"为什么你什么也没卖给她就让她走了？"当一位女士从店里空着手走出去的时候，波士顿一家商店的老板这样问一个伙计。伙计回答说："因为她要的是中性风格的，我们店里并没有中性风格的。""那你为什么不给她另外一件，就告诉她那就是中性风格的呢？""可是那并不是中性风格的呀，老板！""这里是你说了算还是我说了算？"老板朝着伙计吼道。"那好，"这个年轻人说，"如果要靠说谎才能保住这份工作的话，我就不干了。"后来，这位诚实的伙计成为西部备受人们尊敬的成功商人。

比彻说："对商业道德的认真思索，会使人从中受益。希望以低于进价的价格买进货物的想法无异于以邻为壑——从别人那里获取利益却不想给予相应的补偿；我们可能偶尔也会得到那种不用付出任何代价就能得到的东西，但是，那种普遍认为人就应该通过剥夺他人的利益来增加自己的利益的观念是不够诚实的，不管我们的传统习惯会不会惩罚这种想法。"

我们社会所需要的是卡莱尔所说的那种"正直、诚实、坦率而言行一致的人"。

缅因州的一个农场主收获了一批质量上乘的苹果，把它们装在桶里进行运输，一路上都没有遭到什么损坏。那农场主在每一个桶上都签了他的名字，并且写明，如果买主发现苹果有什么质量问题，或者对他售出的苹果有什么意见的话，请务必写信告诉他。有一天他收到了一封来自英国的信，信中说，他售出的苹果由于质量好而受到了顾客们的交口称赞，并且希望他把货直接发给英国的经销商。在西印度群岛的各港口，如果一桶面粉上刻有"乔治·华盛顿制——弗农山"的标志，就可以使面粉免于检查——因为这个标志就是质量好与数量准确的代名词。无论是用何种计量方法来检查一批面粉中的任何一桶，其质量与数量皆无两样。它的品质和精确得到了各地消费者的普遍承认。

靠经营乐器器材起家，而后成为香港富豪的通利琴行董事长李子文，一次在北京接受中外记者采访畅谈他的经商秘诀时说过这样一句话，"为人术也是经商术，我没有什么别的本事，我之所以能有今天，只不过是做了一个诚实、正直的商人，自己怎么待人就怎么待客罢了"。李先生所言，看似平淡无奇，然平淡中却系着真情，这不能不说是他在商场上迅速崛起、成功的秘诀。

梅耶·安塞姆是赫赫有名的罗特希尔德家族财团的创始人，18世纪末他生活在法兰克福著名的犹太人街道时，他的同胞们往往遭到令人发指的残酷迫害。虽然关押他们房子的门已经被拿破仑推倒了，但此时他们仍然被迫要求在规定的时间回到家里，否则将被处以死刑。他们过着一种屈辱的生活，生命和尊严遭到践踏，所以，一般的犹太人在这种条件下很难过一种诚实的生活。但实践证明，安塞姆不是一个普通的犹太人，他开始在一个不起眼的角落里建立起了自己的事务所，并在上面悬挂了一个红盾。他将其称之为罗特希尔德，在德语中的意思就是"红盾"。他就在这里干起了借贷的生意，迈出了创办横跨欧陆的巨型银行集团的第一步。

当兰德格里夫·威廉被拿破仑从他在赫斯卡塞尔地区的地产上赶走的时候，他还拥有 500 万的银币，他把这些银币交给了安塞姆，并没有指望还能把它们要回来，因为他相信侵略者们肯定会把这些银币没收的。但是，安塞姆这位犹太人却非常精明，他把钱埋在后花园里，等到敌人撤退以后，就以合适的利率把它们贷了出去。当威廉返回来的时候，等待他的是令他喜出望外的好消息——安塞姆差遣他的大儿子把这笔钱连本带息送还了回来，并且还附了一张借贷的明细账目表。

在罗特希尔德这个家族的世世代代当中，没有一个家庭成员为家族诚实的名誉带来过一丝的污点，不管是生活上的还是事业上的。如今，据估算，仅"罗特希尔德"这个品牌的价值就高达 4 亿美金。波士顿市市长哈特先生说，50 年来，他目睹了诚实和公平交易的深入人心，90% 的成功生意人都是以正直诚实著称的，而那些不诚实的人的生意最终都走向破产。他说："诚实是一条自然法则，违背它的人会得到报应，受到应有的惩罚，就像万有引力定律不可违背一样，诚实的定律也是不可违背的。违背的结果就是受到惩罚，不可逃脱的惩罚。或许他们可以暂时地逃避，但最终却无法逃避公平。商人拥有顾客们所需要的东西，同时商人也需要顾客所拥有的东西。当交易发生的时候，如果双方都是诚实的，那么双方都会受益。对资本家和工人来说，诚实对双方都是有利的。如果资本家不能诚实地对待工人，那么资本家不会赢得利润；反之亦然。就像 90% 的成功人士的经验所证明的，这是一条在生活中的方方面面都行得通的法则。"

一个年轻人说："我一直都很诚实，也很正直，可并没有因此而成功。"仅仅做到诚实与正直，你当然不会成功，但是如果你想成功，就不要忘记打出诚实、正直这张牌，只有这样，你距离成功才会越来越近。

要做履行诺言的勇士

人要讲信用，这是成功起码应当遵守的准则。否则尔虞我诈，互相失去信用，就会影响人与人之间的正常关系，就会阻碍成功的步伐。

信用是一种品德，一个人对别人要有信用，对自己也要有信用，要做到心口如一。承诺别人的，要守信；承诺自己的，也要守信。真实地面对自己，真实地面对别人，真实地面对社会，不屈从自己的内心欲望，不屈从自己内心的恐惧，不掩饰自己的错误，这其实是很难做到的。正所谓人无信不立，企业无信不长，社会无信不稳。

有这样一个有趣的故事：一个在中国大学里教公共英语的外教，上课特别认真，为了教好中国学生的外语，还特地和几个同事合编了一本配合教材的参考书。学期期末考试的时候，中国老师按照习惯都要画重点。但是这个人却没有复习画重点，而是打开他们编的参考书的最后一课，学了一篇《关于诚实》的文章，文章中有一段话："听说作弊在中国是一种普遍现象，每个学生都作弊。打死我也不相信！因为，一个作弊的民族怎么可能进步和强大！而中国正一天天地进步，一天天地强大。"

课文的最后还说："即使你真的作弊了，我们也不会戳穿你，我们还会装作没有看见，眼睛故意向别处看，因为，生活本身对作弊者的惩罚要严厉得多！孩子，你的信誉价值连城，你怎么舍得用一点点考分把它出卖了？信用无价。糟蹋自己的信用无异于在拿自己的人格做典当，而且可能是你赎不回的典当。有些人开始经商时，常常有这样的看法，即认为一个人的信用是建立在金钱基础上的。一个有钱的人、有雄厚资本的人，就有信用，其实这种想法是不对的。与百万财富比起来，诚实的个性、精明的才干、吃苦耐劳的精神要高贵得多。"

任何人都应该努力培植自己良好的名誉，使人们都愿意与你深交，都愿意竭力来帮助你。一个明智的商人一定要把自己训练得十分出色，不仅要有经商的本领，为人也要做到十分诚实、坦率，在决策方面要培养坚定而迅速的决断力。有很多银行家非常有眼光，他们对那些资本雄厚，但品行不好、不值得人信任的人，绝不会放贷一分钱；而对那些资本不多，但诚实、肯吃苦、能耐劳、小心谨慎、时时注意商机的人，他们则愿意慷慨相助。银行信贷部的职员们在每次贷出一笔款之前，一定会对申请人的信用状况研究一番：对方生意是否稳当？能否成大事？只有等到觉得对方实在很可靠，没有问题时，他们才肯贷出这笔款。

"商业？这是十分简单的事，就是借用别人的资金！"小仲马在他的剧本《金钱问题》中这样说。是的，商业是那样的简单：借用他人的资金来达到自己的目标。这是一条致富之路。富兰克林是这样做的，立格逊是这样做的，希尔顿是这样做的，恺撒是这样做的，桑德斯是这样做的，克洛克也是这样做的。即使你很富裕，对于这样的机会，你也不应放过。"借用他人资金"的前提条件是：你的行动要合乎最高的道德标准——诚实、正直和守信用。你要把这些道德标准应用到你的各项事业中去。

不诚实的人是不能够得到信任的。"借用他人资金"必须按期偿还全部借款和利息。没有信用，即使身家百万，银行也会望而却步。缺乏信用是个人、团体或国家逐渐失去成功诸因素中的一个重要因素。因此，请你听从明智而成功的本杰明·富兰克林的忠告。

富兰克林在 1784 年写了一本书，名为《对青年商人的忠告》。这本书讨论到"借用他人资金"的问题："记住：金钱有生产和再生产的性质。金钱可以生产金钱，而它的产物又能生产更多的金钱。"富兰克林又说，"记住：每年 6 镑，就每天来说，不过是一个微小的数额。就这个微小的数额来说，它每天都可以在不知不觉的花费中被浪费掉，一个有信用的人，可以自行担保，把它不断地积累到 100 镑，并真正当 100 镑使用。"

富兰克林的这个忠告在今天具有同样的价值。你可以按照你的忠告，从几分钱开始，不断地积累到 500 元，甚至积累到几百万元。这就是希尔顿做到的事。他是一个讲信用的人。希尔顿旅社公司过去靠数百万美元的信贷，在一些大机场附近为旅客建造了一些附有停车场的豪华旅社。

查尔斯·克拉克先生这样认为："很多人能成大事靠的就是获得他人的信任。但到今天仍然有许多商人对于获得他人的信任一事漫不经心、不以为然，不肯在这一方面花些心血和精力。这种人肯定不会长久地发达，可能用不了多久就要失败。我可以十分有把握地拿一句话去奉劝想在商业上有所作为的青年人，你应该随时随地地去提高你的信用。一个人要想提高自己的信用，并非心里想着就能实现，他一定要有坚强的决心，以努力奋斗去实现。只有实际的行动才能实现他的愿望，也只有实际行动才能使他有所成就。也就是说，要获得人们的信任，除了人格方面的基础外，还需要实际的行动。

"任何一个青年人在刚跨入社会时，绝对不会无缘无故立即得到别人的信任。他必须发挥出所有的力量，在财力上建立坚固的基础，在事业上获得发展、有所成就。然后，他那优良的品行、美好的人格总会被人发现，总会使人对他产生完全的信任，他也必定能走上成大事者之路。在社会交往中，人们最关注的不是那个成大事者的生意是否兴隆，进账是否多；他们最关注的往往就是那个人是否还在不断进步，他的品格是否端正，信用是否良好，以及他创业成大事的历史、他的奋斗过程。"

很多青年人都没有注意到：越是细小的事情，越容易给人留下深刻的印象。要获得他人的信任，最关键的就是要诚实。信源于诚。诚实是一种美德，人们从来也未能找到令人满意的词来代替它。诚实比人的其他品质更能深刻地表达人的内心。诚实或不诚实，会自然而然地体现在一个人的言行甚至脸上，以至最漫不经心的观察者也能立即感觉到。不诚实的人，在他说话的每个语调中，在他面部的表情上，在他谈话的性质和倾向中，或者在他待人接物中，都可显露出他的弱点。

俄国作家班台莱耶夫写过一篇题为《诺言》的小说，主要内容是：

一个七八岁的小孩，在公园里同几个比他大的孩子玩打仗的游戏，一个大孩子对他说："你是中士，我是元帅，这里是我们的'火药库'。你做哨兵，站在这儿，等我来叫你换班。"小孩点头遵命，一直坚守着岗位。天黑了，公园要关门了。"元帅"还不来，"中士"又饿又怕，只是因为诺言在先，他不肯离开"火药库"。幸亏有人从街上找来一位红军少校。少校对孩子说："中士同志，我命令你离开岗位。"孩子这才高兴地说："是，少校同志，遵命。"

这个故事，初看觉得好笑，仔细想想，一个孩子能那么诚实地信守自己的诺言，是很了不起的。为了确保某事的如期完成，处事双方往往可以经商讨达成协议，或立军令状，订契约，签合同。一旦一方违约，则将依约或罚或斩。但人们在共事时，更多的情况是凭信用，凭对对方人格的信任，相托要事，相信所托之事会如期实现，所谓"可信任""可信赖""信得过"，正是对讲信用的人的高度赞扬。在这个信用至上的年代，讲信用的人无疑是无往不胜的。

人格的完善是本

一位西点毕业生在谈到西点的独特之处时说过："美国前 500 强大企业是教给人伦理，而西点是教给人品德。"健全的人格，高尚的品德是比金钱、权势更有价值的东西，是一个人成功最可靠的资本。拥有健全的人格和高尚的品德，哪怕你没有显赫的地位、渊博的学识，同样可以取得人生的辉煌。

"士有百行，以德为首。"在人才成功诸因素中，高尚的德行、健全的人格有其特有的魅力。成才，即是塑造人。人格则是领衔的要素。一位文化大师教导年轻人说："学识的准备，人格的准备，争取去做一个成功的人、可爱的人。因你的到来，使人类的光亮度有所提高——这便是生命的全部价值。"

美德是人才的灵魂，是人才的立身之本。良好的德行是统帅，是方向盘，也是成才的深层的动因。许多卓越的人才，不仅以令世人瞩目的学术成果称雄于世，而且首先以高尚的德行成为人们学习的楷模。他们是学术英雄，也是道德英雄，优秀的道德品质是他们闪亮人生的极富光彩的一章。众多的才杰，以闪光的美德向人们昭示，重德、立德是人才最可贵的素质。

一个人如果需要的话，什么都可以舍去，但唯独人格不能丢失，德行不能沦丧。让德行与生命同行，这样，生活一天，就是充实而快乐的一天。重视德行陶冶的人，常能抑制住浮躁、贪求的灵魂，保持理性的人生。创造一个美的人生，必须要有良好的人格魅力，即美的情操、美的品格、美的心境及美的人际关系。人才自身就要熔铸美的心灵，以美的行为、美的情思、美的建树、美的奉献，为自己留下闪光的人生轨迹。

大智慧加上大道德，是一个人成功的最基本的素质。

爱因斯坦是一位人格高尚的英才。他认为，"第一流人物对于时代和历史进程的意义，在其道德品质方面，也许比单纯的才智成就方面还要大。即使是后者，它们取决于品格的程度，也远超过通常所认为的那样。"他告诫人们，要使自己一生的工作于社会有益，"保证我们科学思想的成果会造福于人类，而不致成为祸害。"他主张："对个人的教育，除了要发挥他本人天赋的才能外，还应当努力发展他对整个人类的责任感，以代替我们目前这个社会中对权力和名利的赞扬。"

爱因斯坦本人就是一个有强烈社会责任感的科学家。在政治上，他反映了社会进步的要求，与邪恶势力进行不屈不挠的斗争。面对反动势力的迫害，他有志于为祖国的文明、幸福和利益而牺牲个人的幸福，甚至准备坐牢和经济破产。他总是以"替人类服务"为己任，矢志于壮丽的科学事业。爱因斯坦的个人人格是为人交口称道的。他既谦逊，而又有强烈的自信心，不为名望所累，不怕否定自己的错误。他过着简单淳朴的生活。他一贯认为"给予较之接受更令人欣喜"。他说："一个人的价值，应当看他贡献什么，而不应当看他取得什么。""人只有献身于社会，才能找出那实际上是短暂而有风险的生命的意义。""人们所努力追求的庸俗的目标——财产、虚荣、奢侈的生活——我总觉得都是可鄙的。"

在爱因斯坦给玻恩夫人的书信中，坦言自己的生活准则："我每天上百次地提醒自己：我的精神生活和物质生活都依靠着别人（包括活着的人和已死去的人）的劳动，我必须尽力以同样的分量来报偿我所领受了的和至今还在领受着的东西。我强烈地向往着俭朴的生活，并且时常为自己占有了同胞的过多劳动而难以忍受。"

任何人都应该懂得，人格是一生最重要的资本。一个人要想赢得别人的信任，要获得别人的信任与重视，首先应该做到无私。一切成功均沐浴着一种美德和真诚的情感。

众所周知，优良的道德能塑造人，它是成才的精神基石。而忽视自身道德的建设，人格失落，必对成功产生突出的消极影响。德行败坏的人，能力愈强，危害愈烈。个人道德品质的提高，有赖于社会的教育和熏陶，更需要自我的学习和"修炼"。当今，我们要积极吸取精神文明的有益成果，提升自己的道德水平。同时，要筑起精神的"防洪墙"，防范"精神缺钙""道德贫血"等不良世风对自己的蚕食和瓦解。

中国近代巨商古耕虞就是靠着自己的人格与品德成就了自己的事业。有一年，有家牌号天元亨的商户，以每担156元的价格，在川北收购了1万张羊皮。不料运输途中遭到水渍，运到重庆时每担只能作价30元，损失很大。这个商户心急如焚，去找古耕虞想办法。天元亨收购的那批遭水渍的羊皮的本钱，本来是由古耕虞经营的古青记放账的。古耕虞认为，如果让他破产，这个商人可能不得不走上人生的不归路，因此他没有这么做，相反，古耕虞主动继续放账，而且放的数额比上次加了好多倍。他叫那个商户马上再去川北，继续收购好羊皮。收购的数量比之前的更大——达9万张。两次加起来共有10万张。然后，由古青记以9成好羊皮搭配1成水渍羊皮，运到上海出售。本来天元亨要亏本1.2万元，经古耕虞帮忙，反而赚了4万元。

无论你从事何种行业要取得成功，或者你要成为一个成功者，必须具有健康的品德，培养完整的人格。为什么有的人会从芸芸众生之中脱颖而出，为什么有的人又会默默无闻？卡耐基认为区别就在于，他们是否已具备了某种完整或适用的人格。而且，这种人格离我们并不遥远。卡耐基在很多年前就已经发现，虽然他不能阻止别人不对他做任何不公正的批评，他却可以做一件更重要的事：他可以决定是否要让他自己受到那些不公正批评的干扰。正如卡耐基所说："尽可能去做你应做的事，然后把你的破伞收起来，免得让批评你的雨水顺脖子后面流下去。"

健全的人格使你有勇气和韧性去面对他人的眼光，而坚定自己的方向。只要你觉得是正确的事，那你就尽你的可能去完成它。在这里，我们有必要把卡耐基的人格做一番描述与介绍。

在卡耐基哲学中的人格，是指人的性格、气质、品质等各方面素质与表现程度的总和。人格的内涵与外延，都有它的广义和狭义之分。实际上，人格的内涵不仅有品质的高低之分，好坏之分，也有气质、性格的成熟与幼稚之分。人格的品质内涵具有伦理、道德、礼仪的社会特征；而人的气质、性格外延又与个体成长的环境有关。卡耐基在与依长博·罗斯福谈话中谈及人格的问题："面对别人的目光时，自己的行为有何表现是人格的表征。"依长博·罗斯福谈及小时候她姨妈对她的忠告："不要管别的人怎么说，只要你自己心里知道是对的就行。"

能从一切羁绊之中得以超脱，才可能获得真正的自由，人格之门正是这自由得以升华的中介。当你为烦恼所困时，如能了解自己的本心，便可找出自身特点及问题的症结，重塑自我的人格。培养完善的人格要避免自我人格褪色。

一个人想要集他人的所有优点于一身，是最可笑的行为。卡耐基说："我们不要模仿别人。让我们找到自己，保持本色。"

卡耐基曾问索凡石油公司的人事部主任肯鲍·迈克尔，来求职的人常犯的最大错误是什么。卡耐基相信——他应该知道，因为他曾经和6万多个求职的人交谈过，还写过一本关于谋职的方法的书。他回答卡耐基："来求职的人所犯的最大错误就是不保持本色。他们不以真面目示人，不能完全坦诚，却给你一种他以为你想要的回答。"可是这个做法一点用都没有，因为没有人需要伪君子，就像从来没有人愿意收假钞票一样。

詹姆斯·高登·季尔博士说："保持本色的问题，像历史一样的古老，也像人生一样的普遍。"不愿意保持本色，即是很多精神和心理问题的潜在原因。我们每个人的个性、形象、人格都有其相应的潜在创造性，我们完全没有三心二意的必要，而去一味嫉妒与猜测他人的优点。

在个人成功的经验之中，保持自我的本色及用自我创造性赢得一个新天地，是更有意义和可比性的东西。你在这个世界上是个新东西，应该为这一点而庆幸，应该尽量利用大自然所赋予你的一切。

归根结底，所有的艺术都带着一些自传体。你只能唱你自己的歌，你只能画你自己的画，你只能做一个由你的经验、你的环境和你的家庭所塑造的你。不论好坏，你都要自己创造一个自己的小花园；不论是好是坏，你都得在生命的交响乐中，演奏你自己的小乐器；不论是好是坏，你都在生命的沙漠上清点自己已走过的脚印。在每一个人的教育过程中，他一定会在某个时候发现无知的模仿也就意味着自杀。

不论好坏，你都必须保持本色。自己的所有能力是自然界的一种能力，除了它之外，没有人知道它能做出些什么，它能知道些什么，而这都是他必须去尝试的。

每个年轻人都希望获得事业上的成功。总结许多杰出人走过的道路，你会看到，他们遭受失败的原因可能千差万别，成功的经历却大多一致：那就是他们在年少时便养成了实现巨大成功的美德，为日后的纵横四海打下了坚实的基础。有品德的人生，是高贵向上的；丢弃了品德的人生，是卑微低下的。一个内涵浅薄的人，不会散发出摄人的魅力。一个人的内在素养有多高，成就就有多高。人格的颜色，需要你用生命去护色。

好习惯成就人的一生

丘吉尔在第二次世界大战期间担任英国首相，当时他已经60多岁了，却能够每天工作16个小时，指挥英军的作战，他的精神被很多人敬佩。当人们问及他保持如此旺盛精力的秘诀时，丘吉尔回答道："因为我已经习惯于勤奋，如果一个人习惯于懒惰，他就会一事无成。"

好的习惯可以使你走向成功，坏的习惯会延误你的一生。成功与失败的最大分别，来自不同的习惯。懂得培养自己的好习惯，我们才能把握住自己的命运。好习惯是开启成功的钥匙，坏习惯则是一扇向失败敞开的门。人生是一场优胜劣汰的竞争，在追求成功的道路上，良好的习惯常常是获得成功的捷径。

富兰克林是美国著名的科学家、物理学家和社会活动家。他这一生在很多领域都取得了杰出的成就，不仅发明过双焦距透镜，而且还参与起草了美国《独立宣言》。富兰克林曾在青年时发誓改掉身上的坏习惯。他制定了一个计划来克服他身上最主要的13个坏习惯：

（1）节制——食不过饱，饮酒不醉。

（2）寡言——言必于人于己有益，避免无益的聊天。

（3）生活有序——置物有定位，做事有定时。

（4）决心——当作必做，决心要做的事应坚持不懈。

（5）俭朴——用钱必须于人或于己有益，换言之，戒浪费。

（6）勤勉——不浪费时间，每时每刻做些有用的事，戒掉一切不必要的行动。

（7）诚恳——不欺骗别人，思想要纯正，说话也要如此。

（8）公正——不做损人利己的事，不要忘记履行对人有益而又是你应尽的义务。

（9）适度、避免极端——人若给你应得的处罚，你应容忍。

（10）清洁——身体、衣服和住所力求清洁。

（11）镇静——不要因小事或普通的不可避免的事故而惊惶失措。

（12）贞节——控制自己的欲望，珍惜自己的身体，不过于放纵自己。

（13）谦虚——仿效耶稣和苏格拉底。

富兰克林将上述13种好习惯写在了一个笔记本上，并制成一个小册子，每日都要对着小册子逐条反省自己的行为。他在自己的自传中提到了这种方法，他写道：我的目的是养成所有这些美德的习惯。我认为最好还是不要立刻全面地去尝试，以致分散注意力，最好还是在一个时期内集中精力掌握其中的一种美德。当我掌握了那种美德以后，接着就开始注意另外一种，这样下去，直到我掌握了13种为止。因为先获得的一些美德可以为其他美德的培养提供便利，所以我就按照这个主张把它们像上面的次序排列起来。

富兰克林在回首年轻时的这段经历时说："一个人一旦有了好习惯，那它带给你的收益将是巨大的，而且是超出想象的。"的确，好的习惯能够成就你的一生。

人们把习惯比作人的"第二天性"，实际上，人们性格中的很大一部分，所表现的正是一个人习惯化了的行为方式。行为科学研究表明一个人一天的行为中大约只有5%是属于非习惯性的，而剩下的95%的行为都是习惯性的。即便是创新，最终也可以演变成习惯性的创新。一切想法，一切做法，最终都必须归结为一种习惯，这样，才会对人的个性及人生产生持续的力量。

俗话说，"积习难移"，"习惯成自然"，在对自己行为的支配中，习惯的力量比任何理论原则的力量来得更大。一切最好的理论原则，最好的行为准则，在成为你的习惯之前，你不见得能够始终如一地去信守它。只有在成了你的习惯之后，它才能在你的行为中巩固下来。因此，性格修养的关键，在于努力培养自己良好的生活习惯。

好习惯是一生的财富，不要轻视任何一个好习惯，即使它再小，只要你一旦养成，就不会那么容易消失，而且它还会影响到你更多的习惯，进而影响你的命运。既然习惯能左右我们的个性进而影响命运，我们必然要慎重再慎重地对待它。你要培养自己严谨和有条理的性格吗？那你就应当在每一件小事上培养自己严谨和有条理的习惯：穿衣服，先穿哪件，后穿哪件，有一定的条理，不乱穿一气；东西放置，有一定的秩序，不放得乱糟糟的；办事情，先做哪件，后做哪件，有明确的规划，不随心所欲；时间安排，什么时间干什么，有一定的规律……如果你能时时、处处都注意做到严谨而有条理，那么，这种习惯形成之日，就是严谨和办事有条理的性格形成之时。

从培养习惯到改变性格，要求我们能够针对自己暴露出来的性格弱点，有意识地培养与之相反的习惯，通过这种新的习惯来克服和改变原有的性格弱点。

比如，你在性格上犯有"冷热病"的毛病，情绪时高时低，你就应当找出"冷热病"的病根，克服过于计较小事的心理，逐步培养不为小事动容的习惯；如果你好胜心过强，经常使自己惴惴不安，你就要放弃做一个"超人"的企图，并且终止以眼前胜败来衡量成绩的习惯，而培养从长远看问题的习惯；如果你性格急躁，你就不要老是忙忙碌碌，在时间安排上要留有余地，培养安详从容地进行工作的习惯；如果你性格易怒，你就应当学会用克制和幽默来克服怒气，并培养自己宽厚待人的习惯。

总之，在你最容易暴露性格弱点的地方，你得先行"对抗"，用相反的习惯去克服和战胜它。这种办法将有助于你积小胜为大胜，最后达到完全改变性格弱点的目的。对于培养一种新的性格，许多人往往认为是很难的事。但对于培养一种好的习惯，大家还是有信心的。实际上，只要我们有决心、有恒心，真正培养起了良好的生活习惯，优良的性格也就在这些习惯中形成了。

培养好的习惯我们要学会统筹规划。我们培养习惯时，首先要对一个习惯的重要性进行研究。对待一个习惯，你先要分清它是否是一个好习惯，能否使你身心愉悦、事业有成，能否使你的利益达到最大化。然后，要培养一个好习惯，你首先必须要研究它的重要性。因为只有明白了它的重要性，你才会有培养这个习惯的强烈愿望；只有有了强烈的愿望，你才能有坚强的决心；只有有了坚强的决心，你才能有坚决的行动。

要去掉一种坏习惯，我们需要具体地想，这种坏习惯在怎样损害着自己、摧残着自己，日复一日、月复一月、年复一年，对我们的命运危害有多大。而如果代之以一个好习惯，也要具体地想，这么一个好习惯如何日复一日、月复一月、年复一年从各个方面增益我们的生命，改变我们的命运。如果我们不用好习惯征服坏习惯，或增强旧的好习惯，却使自己一生受那坏习惯的统治和损害，这难道不是天大的遗憾吗？

另一方面我们要对欲修炼的习惯统筹安排，并做到逐一击破。我们知道，人的习惯实际是一个庞大的体系，它像一棵大树一样有根、有干、有枝、有叶。它可以是我们工作方面的习惯，也可以是学习方面的、健康方面的、感情方面的、与人相处方面的各种习惯；可以是思维方式的习惯，也可以是行为方式的习惯。因此当我们明白习惯对我们人生和命运的重要性后，我们要对自己准备培养的习惯做个统筹安排，这样可以分清主次，明确先后，然后有步骤地去培养，就会更有成效。

培养习惯要循序渐进，由浅入深、由渐进到质变，尤其开始时我们要宁少勿多、宁简勿繁、宁易勿难。先找一个比较容易做到、做起来有兴趣、很快能尝到甜头、而且能不断受到自己和周围人激励的习惯开始，专攻这一个，其余统统不管。而下的功夫要大些，花时间要长些，这样就容易成功。

第一个习惯养成了，一定使你尝到了甜头。既然是好习惯，它就会在你无意识中自动为你管理、为你服务，而且为你效忠终生。因此你无形中仿佛有了一笔滚滚而来、源源不断、取之不尽、享用终生的财富，这简直是人生最有效率的事。试想世界上还有什么事有这么高的投入产出？你投入的是一个习惯养成的短暂过程，得到的却是终生源源不断的物质和精神财富。

习惯适宜一个一个地培养，有目标、有针对性，这样的专注才易于收到显著的成效，也有了阶段性的成就感和阶段性的进步。同时，有了第一个习惯养成所带来的甜头和激励，第二个、第三个、第四个习惯你能没有办法、没有信心养成吗？

培养好习惯一定要做到坚持不断地重复。行为心理学研究发现：21天以上的重复会形成习惯；90天的重复，会形成稳定的习惯。即同一个动作，重复21天就会变成习惯性动作。同理，同一个想法，重复21天，或重复验证21次，就会变成习惯性想法。所以，一个观念如果被别人或者自己验证了21次以上，它一定已经变成了你的信念。

习惯的形成大致分3个阶段：第一阶段：1～7天。此阶段的特征是"刻意，不自然"。你需要十分刻意提醒自己改变，而你也会觉得有些不自然，不舒服。第二阶段：7～21天。不要放弃第一阶段的努力，继续重复，跨入第二阶段，此阶段的特征是"刻意，自然"。你已经觉得比较自然，比较舒服了，但是一不留意，你还会回复到从前。因此，你还需要刻意地提醒自己改变。第三阶段：21～90天。此阶段的特征是"不经意，自然"，其实这就是习惯。这一阶段被称为"习惯性的稳定期"。一旦跨入此阶段，你已经完成了自我改造，这项习惯就已成为你生命中的一个有机组成部分，它会自然而然地不停地为你"效劳"。想有计划地去优化个性，就得去有计划地为自己塑造好习惯。

当然，因为与之相对应的坏习惯已十分顽固，因此要形成某些好习惯时，你可能需要花更大一点的力气同时克服坏习惯，然而不用担心，方法还是一样的，大不了再来一遍。有一句古训："江山易改，本性难移。"此语正确的理解是：人的本性虽非常难以改变，但人的本性并非改变不了，只是难了一点而已。

罗曼·罗兰有一句名言："性情即命运。"假使我们的本性当中有一些必然阻碍成功的因素，如若不改变，岂不是注定要失败？

如果你对改变自己的"劣根性"没有信心，裹足不前，请扪心自问：你是要成功，还是要失败？不改变，就意味着失败；要成功，就别无选择，立即改变。性格，其实就是一堆习惯，是若干习惯的组合体。没有改变不了的习惯，只有你不想改变的习惯；没有改变不了的性格，只有你不想改变的性格；没有改变不了的命运，只有你不想改变的命运；没有不可能的事情，只有你不想要做好的事情。改变习惯是简单的，成功也是简单的。成功，就是简单的事情重复着做。之所以有人不成功，不是他做不到，而是他不愿意去做那些简单而重复的事情。

美国著名教育家曼恩说："习惯仿佛像一根缆绳，我们每天给它缠上一股新索，要不了多久，它就会变得牢不可破。"成功是因为性格，性格是因为习惯。一旦你养成了成功者身上所有的好习惯，你会发现，不成功都很难。

电脑的发明是人类文明的一大飞跃，而电脑必须有软件配合才能真正发挥作用。造物主为我们创造了大脑这个硬件，也应有相应的软件来驱动，这软件就是习惯。养成一个好习惯，就等于为大脑研制开发了一个好软件。你养成的好习惯越多，你大脑里有价值的软件也越多，你的大脑也越有智慧，你的人生也一定越成功、越美满。

拿破仑曾说过，习惯能成就一个人，也能够摧毁一个人。改掉坏习惯，养成好习惯，你的命运就会有所不同，你就会有一个美好的人生。种下行动便会收获习惯，种下习惯便会收获性格，种下性格便会收获命运。习惯的力量是强大的，它决定着一个人一生的成与败。一个好的习惯一旦定型，必会使人受益终生。

图书在版编目（CIP）数据

西点军校经典法则 / 文德编著. — 北京：中国华侨出版社, 2018.3（2018.9 重印）

ISBN 978-7-5113-7518-6

Ⅰ.①西… Ⅱ.①文… Ⅲ.①成功心理—通俗读物 Ⅳ.①B848.4-49

中国版本图书馆CIP数据核字(2018)第030846号

西点军校经典法则

编　　著：文　德
出 版 人：刘凤珍
责任编辑：滕　森
封面设计：冬　凡
文字编辑：李　波
美术编辑：郭　静
经　　销：新华书店
开　　本：880mm×1230mm　1/32　印张：8.5　字数：208千字
印　　刷：德富泰（唐山）印务有限公司
版　　次：2018年5月第1版　2021年12月第10次印刷
书　　号：ISBN 978-7-5113-7518-6
定　　价：36.00元

中国华侨出版社　北京市朝阳区西坝河东里77号楼底商5号　邮编：100028
发 行 部：（010）88893001　　传　真：（010）62707370
网　　址：www.oveaschin.com　　E-mail：oveaschin@sina.com

如果发现印装质量问题，影响阅读，请与印刷厂联系调换。